はしがき

日本有機農業研究会が発足して三五年以上たちました。有機農業というと虫食いだらけで収量も少ないというような偏見や先入観がいまだに流布していますが、お米では冷害に強いことがわかり、天候不順の年でもみごとな野菜や穀物ができるなど、有機農業のもつ力強さが実感できるようになってきました。そしてなによりも、有機農業は、自然の摂理にかなった、生命あふれ心ゆたかな農と食と暮らしをつくりだす農業です。

これからは有機農業が力を発揮する時代です。このことを会内外で確認しあうために私たちは、二〇〇三年から二〇〇六年にかけて四回にわたり、生産者は自作の収穫物（作品）を持ち寄り、消費者はそれらを使った料理を持ち寄る交流会を開催しました。その折に、有機農業を理論的・科学的に裏付けることも大切であるという考えから、その方面の識者に「特別講演」をお願いしてきました。

第一回は、熊澤喜久雄先生から「これからの有機農業」と題し、「物質循環の〝要〟としての土」についてお話をうかがいました。これは、一八〇〇年代の農学者テーア、スプリンゲル、リービヒから説き起こし、一九〇〇年代になってハワードなどにより議論が活発になった植物の栄養吸収について、「根から水溶性の有機物でも無機物でも、大きくても小さくても吸収する」ことをその基礎的なメカニズムからわかりやすく説明するものでした。また、有機農産物は味がよく貯蔵性がよいことや、良質の堆肥を入れて土づくりした土壌で適切に管理され、じょうぶに育った健康な作物は害虫や病気にやられにくいことについても、理論的な裏付けが得られました。

第二回は、西尾道徳先生から「土壌微生物と作物」と題して、有機物と土壌、作物との関係を示していただきました。先生には、未熟な有機物を多投して土壌の中で微生物が激しく増殖している状態は作物にはきびしいこと、土壌微生物が安定した状態が作物の生育によいこと、硝酸態窒素の観点からも有機物への適切な対応が大切であることを示していただきました。

第三回は、育種がご専門の生井兵治先生から「有機農業のための育種と採種の体系」と題して、種採りをめぐるさまざまな興味深い話をうかがいました。有機農業では、品種を選び、タネから育てることが大切なのです。また、生井先生は、遺伝子組換え作物についても話されました。花粉飛散による通常品種の遺伝子汚染が問題になっていますが、先生の「あご・ほっぺ理論」によると汚染を避けることはむずかしいことがわかります。

第四回は、杉山信男先生の「病害虫に負けない作物づくり」です。園芸作物の栽培技術の観点から環境保全型農業における技術の発展について、例をあげながら説明されました。物理的な不織布の利用、雨よけハウス、フェロモン誘引、マルチや機械除草、また、植物自体がもつ抵抗性やそれにかかわる遺伝子や環境、作物の抵抗力を高めるような栽培技術についても徐々に解明・確認が進んでいることがわかりました。

以上四回の特別講演はいずれも限られた時間ではありましたが、有機農業の理論や技術について重要な点をわかりやすい形で明らかにしていただけたと思います。本書はこれらの講演をもとにとりまとめられたものです。

折から昨年（二〇〇六年）十二月には、有機農業の推進に関する法律（有機農業推進法）が制定されました。農政の根幹となる食料・農業・農村基本法に準じ、環境と調和のとれた安全かつ良質な農産物をつくりだす有機農業を総合的な施策によって推進することを、国と地方公共団体の責務として定めたものです。化学肥料・合成農薬、そして遺伝子組換え作物を使わないことを基本とする有機農業が公認され、それへ向けて農政も動きはじめました。まさに、これからは、有機農業の時代です。農業の理論や技術も、有機農業の観点から変革が求められています。

本書が、有機農業を始めようとする人や有機農業研究に取り組む人々をはじめ、環境や食の安全・安心に関心をよせる多くの人々に幅広く活用していただけるものとなることを願っています。

二〇〇七年八月

日本有機農業研究会

理事長　佐藤　喜作
幹　事　鶴巻　義夫
幹　事　星　　寛治
前幹事　丹野喜三郎
理　事　魚住　道郎

目次

はしがき　1

I　これからの有機農業——土と栄養について

1　物質循環の「要」としての土……12
2　近代農業における施肥技術……14
3　リービヒと農業界の論争……16
4　植物と有機物の吸収……18
(1) 植物は有機物も吸収する　18
(2) 植物の栄養吸収メカニズム　19
(3) 有機質肥料の種類と効果・作用　21
有機質肥料の種類　21／有機質肥料の土づくり効果　22／吸収された有機物の変化と作用　22
(4) 有機物の植物生育効果　25
腐植酸の効果　25／腐植酸の吸収　28
(5) 農作物の品質と栽培　29
農作物の品質と植物ホルモン　29／トマトでみる品質改善　31

5　硝酸の問題……35
6　吸収される窒素の質と量……37
(1)　土壌中の有機物の変化と微生物群　37
(2)　土壌の養分バランス　42
7　これからの有機農業、環境保全型農業……44
《質疑応答から》
有機栄養理論に基づく技術の必要性　45／マンガン欠乏にどう対応したらよいか　46
／野菜の硝酸は減らせないのか　47／遺伝子組換え作物は必要か　48

Ⅱ　土壌微生物と作物──有機栽培の基礎技術

1　有機農業のコンセプト……52
2　多様な有機農業……53
(1)　福岡正信の自然農法　54
(2)　集約的有機農業　56
3　なぜ堆肥化するのか……62
(1)　窒素飢餓の回避　63
(2)　ピシウムによる苗立枯れの回避　64

目　次

(3) 有害物質の害の回避　65
(4) 有害生物の死滅　66
(5) 衛生病害虫の伝播防止　67
(6) 有機酸の生成や土壌の異常還元による生育障害の防止（水田）　67
(7) 堆肥化は好気的に　68
4　堆肥の施用量をどのように調節するのか……69
(1) 堆肥からの無機態養分の放出パターン　69
(2) 肥効率を用いる計算方法　73
(3) 分解予測式を用いる計算方法　74
5　作物による有機物の直接吸収の可能性……76
(1) 進化の歴史と有機物の直接吸収　76
(2) 実例―有機物を使う生活パターン　78
北極圏の湿地に生えているスゲ属の植物　78／ビタミンB_1で生育促進される植物　79／冷害年の水稲　80／土壌中の蛋白質様物質の直接吸収　80／有機物の直接吸収は限定的　82
《質疑応答から》
有機栄養、硝酸、シュウ酸をめぐって　85／有機農産物と慣行農産物は見分けられるか　86／嫌気性菌が悪いか、「堆肥もどき」がよくないか　88／落葉堆肥などの肥効率はないか　89／堆肥化過程の温度による微生物相の変化　90／生育前歴をどう評価するか　91

Ⅲ　有機農業のための育種と採種の体系

1　考え方の基礎……94
(1)　農水省による育種技術の高度化　96
(2)　草木もヒトも小宇宙　97
(3)　「あご・ほっぺ理論」の考え方　98
(4)　「あご・ほっぺ理論」から遺伝子組換えイネを考える　99
(5)　遺伝の原理や生態系のシステムは全て解明されているか　101
2　これからの育種目標の最重要課題―有機農業に適した品種育成のための七つの設問……104
3　有機農業と植物育種……106
(1)　有機農業育種の背景　106
(2)　有機農業育種の三つの大前提と十二の基本原則（試案）　108
4　有機農業育種の体系……113
(1)　ＩＦＯＡＭの「植物育種基準草案」　113
(2)　有機農業育種の体系（試案）　119
(3)　育種の基本操作と育種法　122
(4)　高度有機農業適応性品種の育種法　123

5　まとめにかえて―今後の展望（レジメより）……126

Ⅳ　病害虫に負けない作物づくり―園芸作物を中心に

1　病害虫との戦いだった園芸生産……130
明治期からの技術開発　130／第二次世界大戦後の変化　132
／病害虫のまん延と農薬の使用　132
2　環境保全型農業とは？……134
土壌の理化学性の改善　134／化学肥料の低減　134／合成農薬の低減技術　135
3　病害虫密度を低下させるための技術……136
フェロモン剤の利用　136／害虫を物理的に遮断する方法　137／天敵の利用　139
／環境条件を変える　139
4　病害虫に対する植物体の抵抗反応……140
全身獲得抵抗性　140／病害虫への抵抗力を高める三つの要因　141
5　作物と病害虫の遺伝的多様性……142
作物の品種と遺伝的な多様性　142
6　作物の病害虫抵抗性と環境条件……145
環境条件の抵抗性への影響　145／発育ステージによる抵抗性の変化　146

7　耐病性、耐虫性育種……147
近縁種の遺伝的変異を利用した育種　147／染色体の構成と抵抗性　147
／抵抗性個体の選抜、育種と問題点　148
8　病原菌や害虫と共生する技術……149
競合関係にある微生物を利用する　149／病原菌同士の相互作用を利用する　150
／環境保全型農業を推進するための課題　151
《質疑応答から》
葉面の微生物を利用する技術　153／有機農業推進への期待、農家の声　154
／無菌を求めるのでなく、病原菌とうまくつき合う方法を　154
【参考】有機農業研究の古典―日本有機農業研究会の刊行書から　157

Ⅰ

これからの有機農業
――土と栄養について

熊澤　喜久雄

今日は、「これからの有機農業」について論じろということでありました。しかし私は、これからの有機農業はどうあるべきかを論じる立場にもありませんし、その力もありませんので、比較的専門のところに引きつけて若干の話をしていこうと考えます。まず「これからの有機農業」を考えるうえで要ともいうべき土の問題から入っていきたいと思います。

1 物質循環の「要」としての土

有機農業や環境保全型農業のこれまでの流れに共通して言えることは、生物圏の物質循環の要《かなめ》として土というものがあることです。

土は非常に長い間かかって、地球の進化と生物の発生に伴ってできてきた。人間というもの、あるいは生物というものは、そのような環境と一緒に進化（共進化）してきたが、それには土壌の形成が深く関わっていました。土壌が形成された結果、多様な植物が出現し、森林が出現した。そこに登場した人間が、森林を破壊して農業を営むようになった。さらに、人口が増大して集落や都市が形成されるなかで、自然土壌から耕地土壌に変化し、そこでいろいろな農作物をつくっているとしだいに地力の減退が起き、その結果、肥料が必要となってきたのです。

この場合の肥料とは、いわゆる化学肥料だけではありません。肥料とは、そもそも「肥やすもの」ですから、土を肥やすもの一般ということになります。本来有機物が自然に循環するなかで地力が生成され回復していたが、耕地土壌には人間の力が加わっているため自然のままにはならない。そこで、自然に模して物質を循環させ、地力の減退を防いでいこうというのが肥やし本来の原点でありました。

当初は、有機物を意識的に循環させていくこと、つまり山の下草、灰、動物の排泄物といったものを一定の地域内で循環させる取り組みが進められました。しかし、地域内に大都市ができたりすると間にあわなくなり、遠隔地から搬入してくる、さらには海外から輸入するといったことも含め、有機物の人工的循環が大々的に行なわれました。そのうちに、有機物だけでは足りなくなり、無機物も使用されるようになった。しだいに無機物が中心となり、人造肥料や化学肥料がつくられてきたのです。

土を割ってみると、いろいろな種類、性質があることがわかります。その性質をよく知ったうえで農業を営んでいくことが基本です。その土は、固体の部分、水分、空気を含んでおり、団粒構造が発達するという性質があります。土の化学的性質や物理的性質をよく保ちながら農業が営まれれば、いつまでも土壌の生産力・地力が維持できるというのが基本です。それをどのようにすれば永続的に維持できるか、ということが課題となります。

森林では長い時間をかけて土ができます。数千年かかって、色のついた有機物の入った土ができあがってくる。開墾、特に山の上の開墾をして、黒土をさっと除いてしまったようなところは、回復するのがひじょうにむずかしい。時間をかけることが大切なのです。

土壌分析をすれば土壌の物理性と化学性が明らかになるが、土壌には生物性もあるのです。たとえば森林土壌中にはいろいろな虫が活動しています。これら土壌中の小動物が有機物の分解に関与しており、そのうちのあるものは農耕地土壌中にももちろんいます。ミミズをはじめ数多くの小動物が、それぞれ活動しているのです。この小動物が元気よくお互いに棲み分けながら、食物連鎖の中で食ったり食われたりもしているが、共存が保たれてもいるのです。

また、土壌中には微生物も大量にいます。一〇アール中に小動物が三五キログラム存在しているとすれば、カビは約二五キログラムいる。予想以上に微生物由来の有機物は多いのです。西尾道徳氏によれば、カビの菌糸の総延長距離は六五〇〇万キロメートルに達するといいます。このようにたくさんの微生物が生きていることがひじょうにだいじなのです。種類がたくさんあり、お互いに相互作用をしており、ある一つの種類がべらぼうに増えるということもない。ですから、病原菌なども同様で、ある病原菌がひじょうに増えるという状況そのものが、たくさんの微生物のなかで消されていっている。ということで、これら大量の微生物は、肥沃で長続きする土の一つの条件になっている。このことを無視しては農業はうまくいきません。これは有機農業の精神でもあるわけです。

2　近代農業における施肥技術

以上述べてきた物質循環を、農業における物質循環と施肥技術ということからみてみましょう。農業は農業生産物をつくり、その農産物のあるものは人間が食べる。人間が食べて排泄した糞尿は土壌に戻していた。これが施肥技術の歴史の始まりです。ヨーロッパであっても同じです。しかし、だんだん都市が発達してくると糞尿を戻せなくなってきた。さらに衛生上の観点からも、川に流してしまうということになってきます。そうすると、人間が食べたものが川や海に入ってしまうのですから、ある一つの圏内で循環することがなくなってきます。一つの圏内で循環しなくなれば土地が昔の状態ではなくなってくる。そのことを農業のなかでどのように食い止めるかが課題となりました。

これを理屈としてまとめたのがドイツのテーア。近代農学の体系ということになります。

彼は、人間の排泄物もさることながら、ヨーロッパでは家畜の排泄物が重要だ、と考えました。家畜を放牧しておくと、放牧地にそのまま排泄して、それが土に戻るわけですが、それだけではうまくいかない。農家は家畜の飼料だけでなく、ムギをつくったり、その他の作物をつくっていますから、それらの全体がうまくゆくにはどうしたらよいか、と考えたわけです。そこで厩肥、つまり家畜の排泄物を最も有効に利用しよう、ということになります。

有効利用とは、作物の生育中にちょうど具合よく、厩肥の分解物が栄養分として供給されるという体系をつくることです。そのためには厩肥をコントロールしなければなりませんから、家畜を舎飼いし、つまり厩舎で牛を飼う。そうすると糞尿の管理が上手にできる。その結果、厩肥を自分の好きなときに利用でき、効率がよくなる。このようにして厩肥を中心とする有機物を土壌に戻すことが重要だと考えたのです。テーアは、なぜ重要なのかということを理屈として考え植物栄養の腐植説を提唱しました。

一八〇〇年代、一九世紀になると、有機物（厩肥）を土に戻すことの有効性が化学的に研究されるようになり、ドイツではスプリンゲルやリービヒという人たちが出てきました。

彼らは有機物（厩肥）を土に戻すことの有効性を、生物圏における元素の循環として考えました。また、元素循環のなかで植物が大きな役割をしていることに着目しました。すでに一七〇〇年代から、植物が光合成をすることがわかっている。二酸化炭素を吸収して酸素を出すこともわかってきた。彼らは、そのようないろいろな断片をつなぎ合わせ、生物圏の元素循環における植物の役割をひじょうにはっきりさせました。

植物は生き物ですが、無機物を同化して有機物にすることが基本的な役割です。微生物や動物は、植物が同化してつくった有機物を自分の栄養として使い、さらに死んだ後に無機物として植物に戻します。無機物として植物に戻す際に、ひじょうに大きな役割を果たしているのが土壌である、と彼らは考えます。実際には土壌中の生物ですが、そのようなお互いの連鎖関係をはっきりさせたのです。

さらに、元素分析が進んできた段階ですから、植物が吸収する元素を分析してみたのです。その結果、動物と植物について、とくに植物について、必ずなくてはならない元素（植物必須元素）がある、とスプリンゲルやリービヒが言いました。実際には、リービヒのほうがひじょうに有名でしたから、リービヒの説として通っています。また、「最小率」という現代でもよく使われる法則が示されました。

最小率とは、植物の養分は適当な割合で供給されることが必要であり、もしある養分が植物の要求に対して相対的に不足すれば、他の養分が十分に供給されたとしても、植物の生育収量はその不足している養分の供給に支配されるということですが、作物生産をふやそうとするときに、生産をその瞬間において、その時々において制限している因子はなんであるかを決めるときに使われました。つまり、その因子が窒素であるか、カリウムであるか、リン酸であるか、制限因子を決め、それによって施肥の重点や栽培行動を決めるときに使われました。現在これは、「スプリンゲル＝リービヒの最小率」と呼ばれています。

3　リービヒと農業界の論争

じつは今回の講演依頼の際、「リービヒ理論の克服」というテーマで考えられないだろうかという話もあったのですが、このリービヒ理論には大変むずかしいところがあるのです。一つだけあげてみます。リービヒは、もともと化学・薬学が専門で、化学者です。化学の立場から全てを理解していこうという強烈な意思をもっていた。化学の面から当時のヨーロッパの農業を観察して、一定の意見を出しました。それがひじょうに強烈であったため、在来の農業および農業研究者たちに大きな混乱が起きました。農業の相手は生態系ですから、自然条件、土壌条件、その他いろいろなことが関係します。したがって、実験をしてみるとリービヒが言ったようには必ずしも成功しない。「考え方はいいんだけれども、どうもうまくいかない」と、ひじょうに長い間にわたる論争が起きたのです。

リービヒは「自分の考えでいけば、けっして土壌が早く痩せてしまうことはない」と言います。つまり、人間が作物栽培により土壌から取り去ったもの、あるいは下水道などに流したものを土壌に戻してやることを基本的な理念とすべきだ（「完全償還説」）と抽象的に主張したのです。ところが、その主張については誰も異論はなかったものの、どのように実行するかという点で若干の相違がありました。

大きな違いは窒素肥料の使い方です。リービヒは、窒素肥料に過度に依存すれば当然、作物はできるが同時に土壌の他の成分の収奪になる、リン酸、カリ、あるいはその他の無機成分が収奪される、だからやがて地力は衰えてしまう、と考えました。

一方、イギリスを中心に、窒素肥料は最も重要視すべきである、その窒素肥料の効果を十分発揮させるためには、リン酸、カリウムなどを考えるべきだとする考え方がありました。農業の実際においては農業経営が重要であり、経営上支障がなければ窒素肥料を重視してよいのではないかというわけです。

このような窒素肥料の使い方をめぐって、ドイツも含めたヨーロッパの農業者とリービヒとのあいだで激しい論争がありました。しかし、最終的にはお互いにわかって、原理はわかった、しかし実際のやり方は圃場実験で確かめたうえで決めるほうがよい、ということで、厩肥を中心にして、足りないものを無機質の合成肥料で補おうという、現在のやり方が定着したのでした。

こうして、歴史的にみると一八六〇年代に、リービヒとヨーロッパの農業界の和解が成立しました。したがって、それ以後、イギリスなどヨーロッパにおいては、リービヒの一八四〇〜五〇年代のかつての誤りが指摘されることはあっても、共通の理解の上に立った原理、植物の栄養説、完全償還説、最小率などに則って農業が営まれてきました。

4 植物と有機物の吸収

(1) 植物は有機物も吸収する

しかし、リービヒが亡くなり、一九〇〇年代になっても、まだわからない部分がありました。「植物は本当に無機物だけを吸収するのか、有機物は吸収しないのか、吸えないのか」。無機物はイオンで吸われるのか、プラス、マイナスどちらがよく吸われるのか。完全な無機物だけでも作物が育つことはすでに一八五〇〜六〇年代には確認されている（現在の水耕栽培）、しかし実際の農業は水耕ではなく土壌を使い、厩肥を使って行なわれており、その場合に厩肥中の有機物は本当にアンモニアとか硝酸にまで分解されて吸収されるのか、あるいは中間物でも吸われるのか。これらのことについてはわからなかったのです。

このように養分の吸収ということでいろいろ議論されてきました。その結果、根から水溶性のものを吸収する、それは有機物でも無機物でも、大きくても小さくても吸収する、ただし吸収速度は多少違ってくる。また逆に、植物の側が根から積極的に物質を出して吸収しやすくする作用もある、などということがわかってきました。

そのうちのある部分は、比較的最近わかってきたものです。

(2) 植物の栄養吸収メカニズム

土壌中の水溶性有機物には次のようなものがあります。

・蛋白質、ペプチド、アミノ酸類
・核酸、ニュクレオチッド類
・腐植酸、キノン類
・リグニン、セルローズ、ペクチン
・澱粉、糖類
・フィチン
・脂肪酸類
・その他

これらのものが土壌中にあれば、吸収されるのかどうか。どのようなメカニズムで吸収されるのか。また実際に、どの程度あるのか。このような部分はひじょうに研究がむずかしかったのです。

大きなものはどのように吸われるかといいますと（図I－1）、外から植物の根の表面に到着した養分

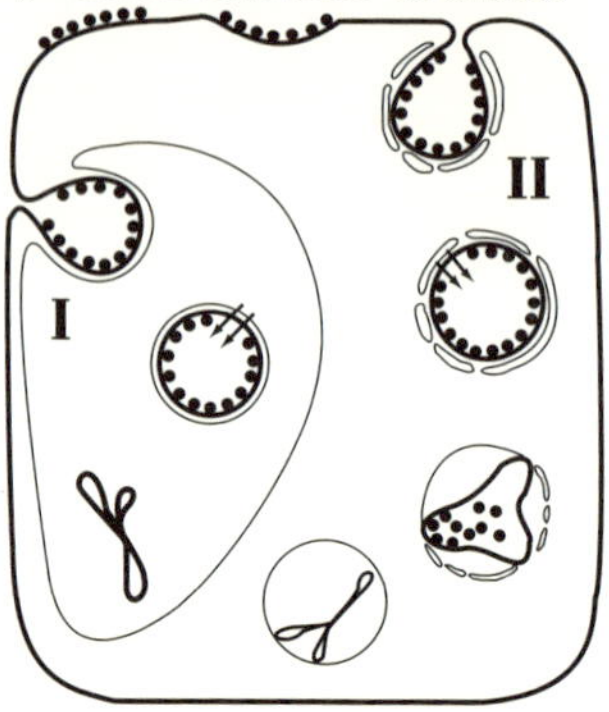

図Ⅰ−1　水稲根皮層細胞によるヘモグロビンの取込み（模式図）
（Nishikawa and Mori，1982）

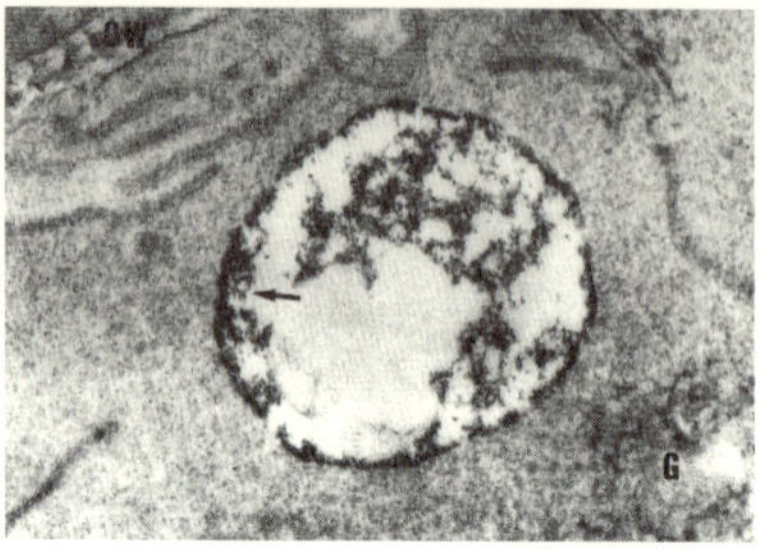

図Ⅰ−2　ヘモグロビンの吸収
（原図：西澤直子）

の進路にはまず細胞の壁があります。セルロースとかペクチンなどで固められた壁《へき》があり、その中に細胞膜があります。これは主に脂質と蛋白質でできている。外から来たものは一番外側のセルロースの膜をしみ透って入ってくる。しみ透るときにあまり大きなものは入れないが、水に溶けたものはだいたい通す。そして細胞膜の表面にくると、生きている細胞なので、細胞膜が凹んでくる。たとえば図Ⅰ−1の場合は、ヘモグロビンで、かなり大きなものですが、Ⅰの過程に示すようにそれを包むように細胞膜が切れて、やがて細胞の中に取り込まれる。取り込まれて細胞の中に入ると、Ⅱの過程に示すようにその膜粒の外側にまたある種の組織が集まってくる。その組織が、矢印で示すように中に取り込まれた蛋白質を分解する酵素を分泌し、中に送り込む。分解が進むと中身が消化され、蛋白質は栄養分となり、やがて膜だけが残る。

以上のような経過で、蛋白質は栄養分となります。これを称して「エンドサイトシス」といいます。図Ⅰ−2は電子顕微鏡でみたものです。ヘモグロビンを染色してみると、たしかに植物の中に入っている。

植物には、この逆に、中のものを外に分泌するメカニズムもあります。かなり大きな有機物を外に追い出してやる。いずれにせよ、このようなメカニズムが働くためには、植物が元気よく生きていることが必要条件になります。

(3) 有機質肥料の種類と効果・作用

次に、有機物肥料を施肥したときに何がどのように効くのかを考えるときには、肥料というものを漠然と考えるのではなく、種類ごとに分けて考えることが、作物の品質、うまいとかまずいとかを考えるうえではきわめて重要です。

有機質肥料の種類

一般には粗大有機質肥料と有機質肥料があります。粗大有機質肥料には堆厩肥、刈敷き、稲わら・麦稈、その他、有機質肥料には動物質、植物質がある。お金を出して買うものが大部分ですが、自分で供給することも可能です。有機質肥料には魚かす、骨粉、菜種かす、米ぬかなどがある。混合したもの、汚泥の類もあり、多少加工したものもあります。

こうしたものは、同じ有機質というけれども、それぞれの性質を知ったうえで適切に使わないといけません。そこで次に、これらが分解して、何がどのように植物の役に立つかをみていきましょう。

有機質肥料の種類

・粗大有機質肥料
　堆厩肥，刈敷き，稲わら・麦稈，他
・有機質肥料
　動物質———魚かす，骨粉，他
　植物質———菜種油かす，米ぬか，他
　混合有機質—各種汚泥，他
　ぼかし肥料
・コンポスト
　各種有機物混合堆積

有機質肥料の土づくり効果（1）

・土壌の物理性の改良
　団粒形成――――――排水性，保水性
　膨軟性―――――――易耕性，根伸張性改良
・土壌の化学性の改良
　陽イオン置換容量―養分保持力
　植物養分の供給――養分供給力
　土壌緩衝能――――反応
　土壌腐植物質―――根の発育

有機質肥料の土づくり効果（2）

・土壌の生物性の改良
　土壌生物相の改良――土壌感染病害予防，連作障害防止
　有益菌の接種――――拮抗微生物，根粒菌・菌根菌
　有機物分解性の制御―不良環境抵抗性

有機質肥料の土づくり効果

有機質肥料の土づくり効果（1）：土壌の物理性の改良と化学性の改良など、さまざまな面から考えます。

有機質肥料の土づくり効果（2）：土壌の生物性の改良――そのなかに土壌感染病害の予防、連作障害の防止があります。有益菌の摂取効果――拮抗微生物、根粒菌、菌根菌の働きをよくします。

有機物分解性の制御――有機質肥料の全体的な効果として、不良環境に対する抵抗性を制御して作物に栄養を与えることができるといわれています。

吸収された有機物の変化と作用

吸収された有機物は、いろいろ変化して作用するのですが、そのなかには細胞を活性化させて刺激する効果があります。これは実際に実験してみないとわからないのですが、核酸、蛋白質の合成が促進されてくる。植物の根の最先端部分は、根毛が出るが、表皮細胞に長いものと短いものとがある。

短い表皮細胞に核酸がつまってきますと、そこから根毛が出てくる。そういうことで根毛の発育が促進される。この状態になると、根にサイトカイニンなどのホルモンができます。そして、そのホルモンを地上部に供給する。

サイトカイニンは重要なホルモンで、老化を防止し、活性を維持するホルモンです。これが健康の維持にひじょうに重要です。

だから、根が基本であり、根を維持することによって作物体全体の健康が維持される。できたもの（果実など）の日持ちをよくするということもあります。

このようにして、有機物を分解産物として取り込み、細胞を健全化し、合成反応を強化する。特に実験的にいわれているのは、プロリン、ハイドロオキシプロリン、イノシン酸などです。これらは分解的に研究していると、効果があることがわかります。プロリン、ハイドロオキシプロリンは細胞壁の成分ですが、丈夫な植物との関連性が昔から言われてきたものです。

実際には、根は土壌の中に入っていきます。土壌の中には水があり、空気があり、そこにいろいろな有機物が入り込んでくる。そこには微生物もいるわけですから、有機物が大小の中間物にまで分解されて、それを植物は根が吸えるまで待っているということではないのです。

図Ⅰ−3は根の先端部分です。このように根毛が出てきて、養分を

吸収された有機物の変化と作用

- 細胞活性刺激効果
  - 核酸，蛋白質の合成促進
  - 根毛の発生促進
    - ・サイトカイニンの生成，地上部への供給
    - ・健康の維持
    - ・老化の防止（果実の日持ち）
- 分解合成産物として取り込まれる
  - 細胞の健全化，合成反応の強化
    - ・プロリン，ハイドロオキシプロリン，イノシン酸

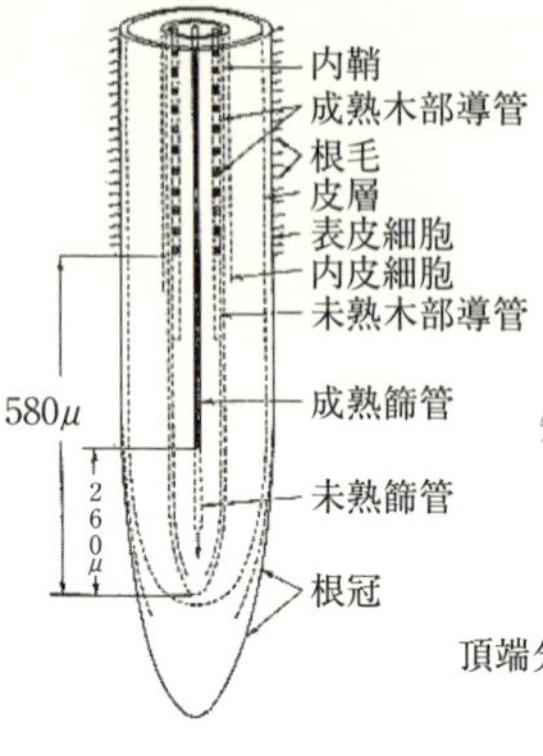

根端組織（模式図）

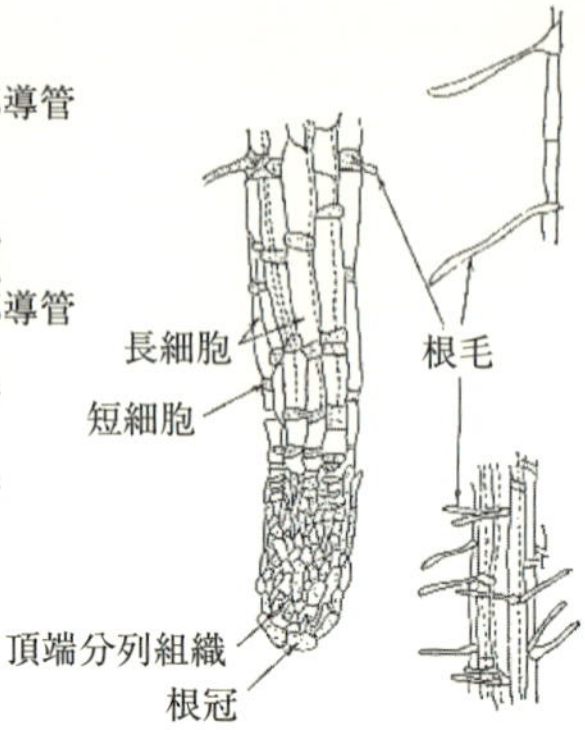

根端および根毛（Esau, 1965）

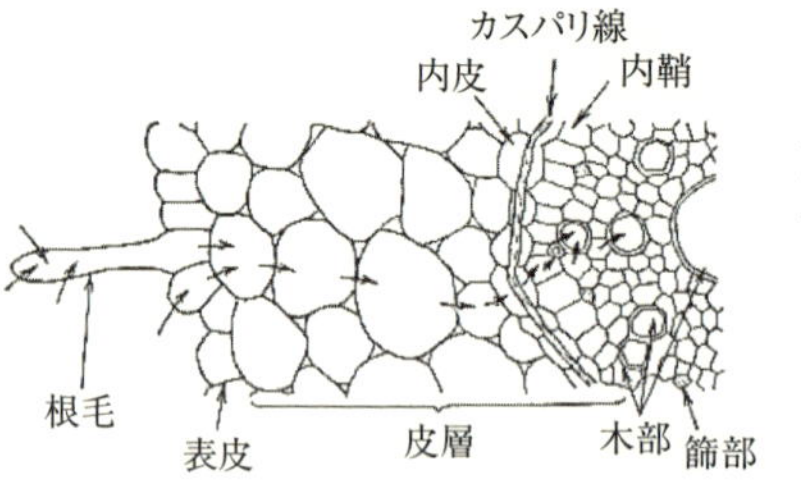

根の表皮によって吸収された養水分の維管束への移行経路

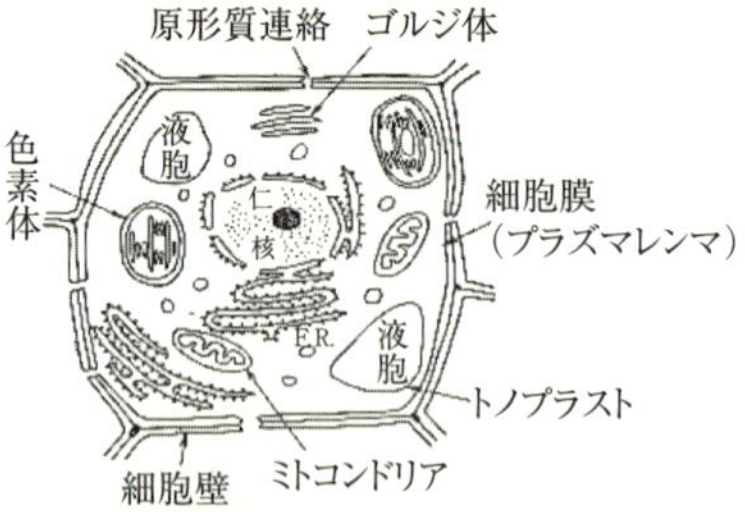

細胞（模式図）

図Ⅰ－3 根端組織の形態と働き

吸い、運ぶ。吸われた養分は上に運ばれなくてはならない。運ばれるメカニズムにはいろいろありますが、ともかく養分は細胞の中に入る。細胞の中にはいろいろな器官があり、これらを総動員して養分を分解して、栄養分として吸収していく。

根の先端からしばらくしたところに根毛が生えてきます。根毛は根の表面積を大きくします。外から見て根が多いか少ないかということと、根毛が多いか少ないかということとは関係がなく、根毛の多少は根の表面積の大小、つまり養分吸収領域の大小に関係します。根を大きくしようと思ったら、たとえば窒素肥料を控えておくと大きくなってくるけれども、これは活性の弱い根ということもありうるわけです。根を伸ばすと同時に、その活性を維持するということでは、やはり根毛の発生と育成が重要になります。

また、根は菌と共生するようになります。根のまわりに菌糸がずっと張ってくる。したがって、ある人たちに言わせると、こういう菌根菌が共生してくると悪い菌類が近寄れなくなってくるということです。つまり、菌根菌は耐病性を強める効果がある、と言っている人たちもいるのです。このあたりのことについては、植物病理学関係の人が研究をしているわけです。

(4) 有機物の植物生育効果

それでは、有機物（有機質肥料）を施すと植物の生育にどのような効果があるのかを考えてみましょう。

まず、先ほど述べたような根系を改善する効果があります。それによって微量元素を含んだ養分の均衡ある吸収ができるようになります。根が張ってきますから、いろいろな養分をつりあいよく吸える。

また、フェノール性物質の根の生長促進効果があるのではないか、ということです。

次に、根毛形成を促進（生長点でのサイトカイニン生産）する効果があります。

そして、最終的に健康な農作物の生産に役立つことになります。

腐植酸の効果

図I-4はドイツ人によるもので、腐植酸の効果を重要視しています。土壌の有機物はいろいろな変化の過程を通り、その過程で重要なものとして腐植酸をつくります。その効果は、土壌の化学的、物理

有機物の植物生育効果

・根系の改善効果（養分吸収領域の増大）
　微量元素を含んだ養分の均衡ある吸収
　フェノール性物質の効果
　土壌溶液濃度の調節効果
・根毛形成の促進（生長点でのサイトカイニン生産）
　可溶性腐植酸の効果
・健康な農作物の生産

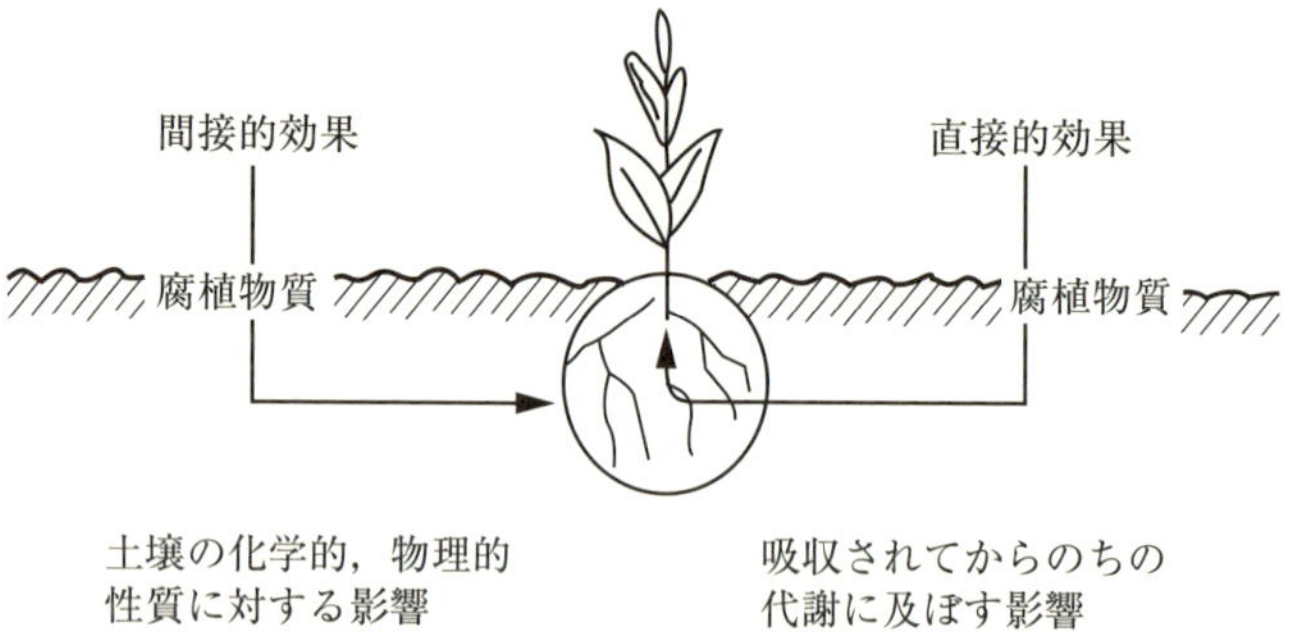

図Ⅰ－4　腐植酸の効果
（Fleig「植物生産に関連した土壌生化学の進歩」『肥料科学』1978）

的性質に対して影響を及ぼすことです。腐植と粘土が一緒になっているものを腐植粘土複合体といいますが、これはカルシウムなどが間に入ってひじょうによい団粒構造をつくるのに役立っている。同時に、有機物は、吸収されてからのちの代謝に影響を及ぼします。

腐植酸は、フェノール基をもった図Ⅰ－5のような構造のものなどがあり、さらに重合して大きくなっていく。そのなかのあるものはアルカリ性の水で溶けてくるとか、酸性では溶けにくいとか、あるいは中性で溶けるとか、いろいろなものがあります。

ニトロフミン酸の抽出したものについて実験をし、入れないものと入れたものを比べると、入れたもののほうがいずれも根の活性指数が上がってくる（表Ⅰ－1）。活性が高まっているといえます。α－ナフチルアミンは、イネの活性を見る指数ですが、一四七から二二〇に高まっています。

結合形態	6NHCl中での加水分解	下記の方式により微生物的に無機化
アミノ態窒素		
アミノ酸　R-CH(NH_2)-COOH ペプチド結合　R-CH(NH_2)-CO-NH-CH(R')-COOH	+	加水分解 脱アミノ化
アミノ酸（ヘキソサミン） 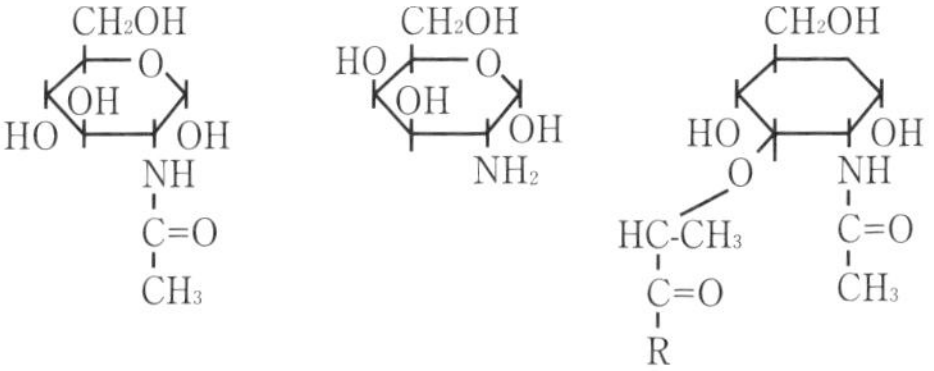 N-アセチルグルコサミン　ガラクトサミン　N-アセチルムレイン酸	+	加水分解 脱アミノ化
架橋窒素および芳香核への直接結合 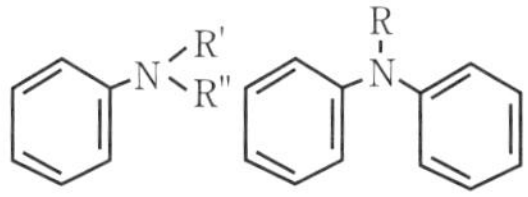 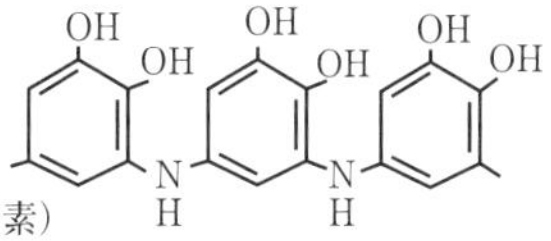	多分 −	好気的(O_2) 開環 （オキシゲナーゼ）
ヘテロ環態N-結合（狭義の核窒素） 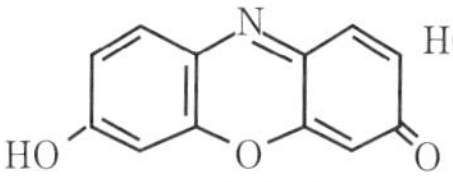 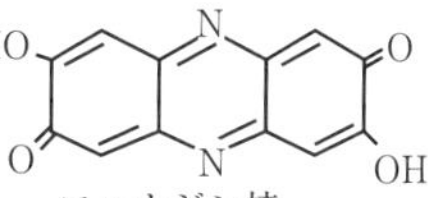 フェノキサジン核　フェナジン核 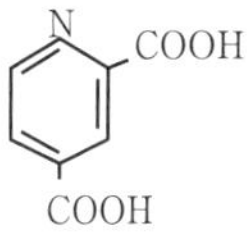 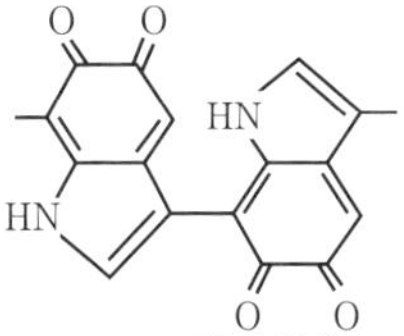 ピリジン誘導体　メラニン構成単位	おそらく −	好気的開環 （オキシゲナーゼ）

図Ｉ－5　腐植酸関連有機物の諸形態

表Ⅰ-1　ニトロフミン酸の生理的効果

（麻生末雄『肥料科学』1993）

		無処理区	処理区
O_2吸収	μl/hr/10個体の根	90.4　(100)	104.2　(115)
	μl/hr/乾物mg	6.98 (100)	7.64 (110)
α-ナフチルアミン酸化力	μg/hr/10個体の根	147.2　(100)	220.0　(149)
	μg/hr/乾物mg	11.4　(100)	14.8　(129)
吸収商	放出CO_2/吸収O_2	0.94 ± 0.04	0.85 ± 0.04
根成分	mg/100個体		
全-N		3.52 (100)	4.76 (135)
たんぱく態-N		3.36 (100)	4.44 (132)
NH_3-N		0.03 (100)	0.11 (162)
アミノ態-N		0.13 (100)	0.21 (162)
還元糖		18.2　(100)	18.3　(101)

腐植酸の吸収

ニトロフミン酸はかなり大きなものだが、水に溶けて植物体に入るかどうか。これはかなり研究がむずかしい。図Ⅰ-6は入ったところの顕微鏡写真です。この場合は放射性の水素を使って（レントゲン写真を撮るようにして）いる。黒色の感光部が根の細胞間・細胞壁に強く認められ、また細胞内にも明らかに認められるように、たしかに入っています。

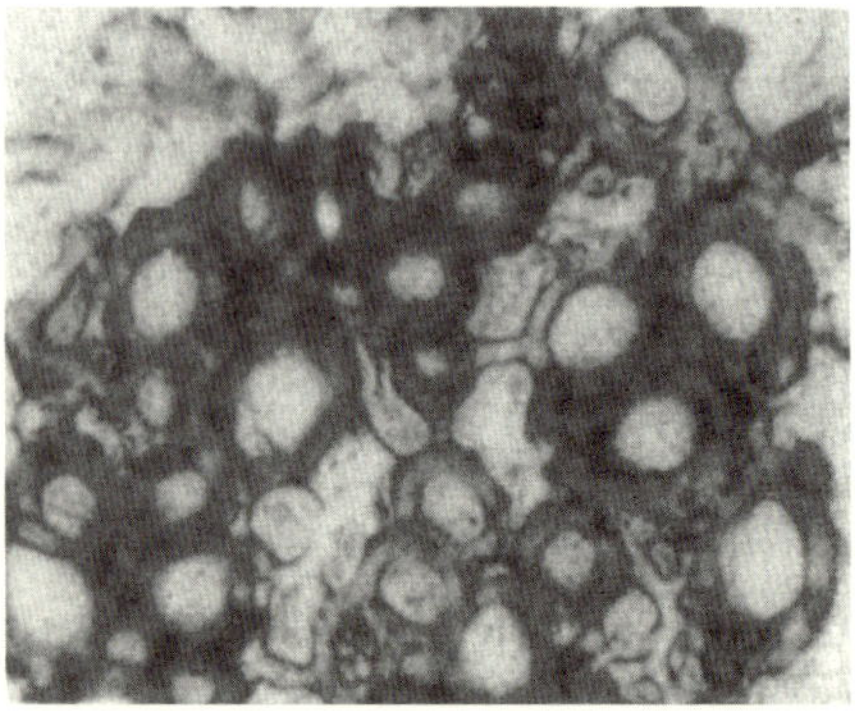

図Ⅰ-6　腐植酸の吸収

表Ⅰ-2は、根毛の数がふえるという実験です。アルカリ処理した泥炭を入れると、根毛の数が三九八から六八三に増える。ＲＮＡ（リボ核酸）も増えてくる。この研究は麻生末雄先生の『肥料科学』（一九九三）のものですが、このような研究はヨーロッパでは古くからたくさんあります。みな同じような結果を出している。なぜそうなのかということはなかなかわかりません。

表Ｉ－２　アルカリ処理泥炭が根毛数とRNAに及ぼす影響

（麻生末雄『肥料科学』1993）

アルカリ処理泥炭 (ppm)	根毛数		RNA（μg/100個体）	
	先端部	基　部	先端部	基　部
0（対照）	386 (100)	398 (100)	568.0 (100)	604.5 (100)
40	317 (82)	683 (172)	511.5 (90)	709.0 (117)

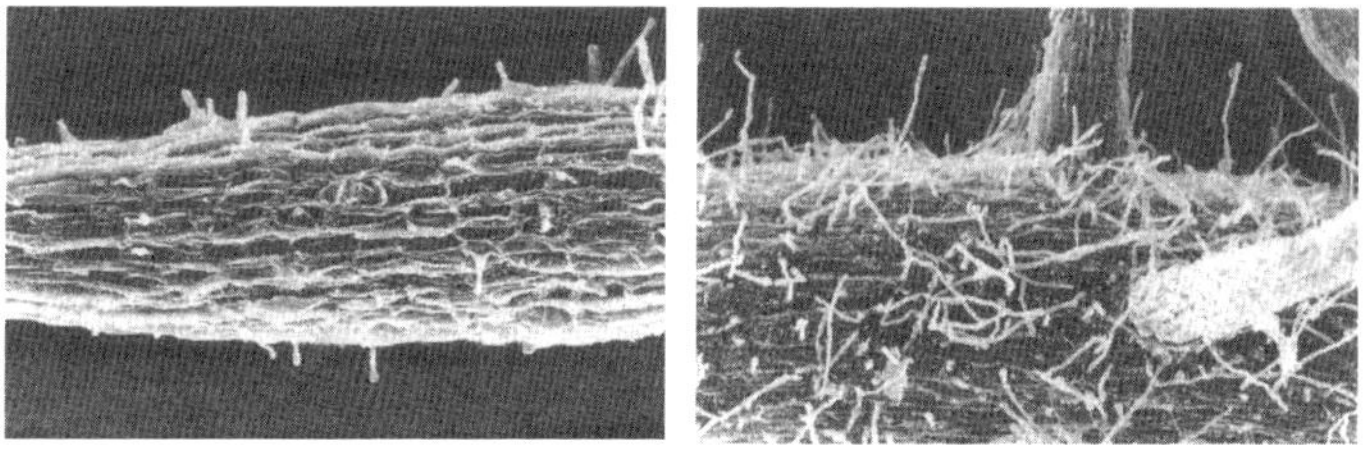

無処理（対照）　　アルカリ処理泥炭（20ppm）

図Ｉ－７　水稲根毛と腐植

（麻生末雄『肥料科学』1993）

図Ｉ－７は水稲の根ですが、外からみた場合にこのように根毛がたくさん生えてくる。これが重要なんですね。

（５）農作物の品質と栽培

農作物の品質と植物ホルモン

農作物の品質を考えた場合に、健康な作物とは何か、だいたい病気にかかりにくいといった場合は、それはなぜか。「健康」とはいったい何かということはなかなかむずかしいのです。病気にならない、なぜならないか、丈夫だからならない、ということになるのですが、とにかく健康な作物をつくるためにいろいろ調べていますと、有機農産物、特別栽培農産物、エコ農産物というようなものは概して健康です。

農作物の品質と栽培

・健康な作物　農薬，化学肥料の節減
　　有機農産物，特別栽培農産物，エコ農産物
・根の生長点の増大
　　サイトカイニン供給の増大と地上部の活性の維持
　　　収量増大効果
　　　　老化防止，落莢の防止（合成的反応の維持）
　　　品質改善効果
　　　　結球の充実
　　　　果実の成分組成の改善
　　　　食味の改善（味覚，香り，他）
　　　貯蔵性の改善効果

表Ⅰ－3　水稲溢泌液中のサイトカイニン

（葭田隆治『北陸作物学会報』36：53～56，2001）

	t－ZR濃度 (pM/0.1ml)	t－ZR量 (g/株・時間)
対照区（5年目）	0.027	0.521
堆肥区（1年目）	0.070	1.834
不耕起移植区（5年目）	0.074	1.658
湛水土中打ち込み点播	0.072	1.202

注．調査地：石川県農業センター圃場（1999年7月15日）

そういった作物には、根の生長点の増大がみられ、生長点の増大による老化防止、品質改善効果がある。結果として、食味が改善され、うまいものができます。人間がうまいという感覚をもつのは、自然のもので、体にもよいからです。そういった農産物は健康な植物がつくるだろう、というふうに考えるわけです。

老化防止、品質改善効果といった場合、まず一つは植物ホルモンの増大があげられます。植物ホルモンはたくさんありますが、この場合はサイトカイニンですね。こういったものが測定されています。

水稲ではどうか。ホルモン類を研究するのは、量が少ないから大変ですが、ひじょうに広いところで行ないます。一方は堆肥（有機物）をやる、他方はやらない。そして、もったいないけれども株のところから切る。すると汁が出てくる。下から送られてくる液（溢泌液）がある。それを脱脂綿にしみ込ませて採る。採取した溢泌液を分析するわけです。これは、富山県立大学の葭田隆治先生が石川県農業センターの圃場で調査したものですが、対照区のものと比べると濃度も量もひじょうに増えています（表I－3）。

ですから、有機物をやったり根が健全に保たれるようなことをやっていきますと、溢泌液中のサイトカイニンの量が多いといえます。

トマトの品質

・堆厩肥による土づくり
・有機質肥料（菜種かす，骨粉）によるトマトつくり
・品質の改善
　内容成分の充実（比重の増大）
　食味の総合的評価の向上
　ビタミンCなど栄養価の向上
　日持ち性の向上

トマトでみる品質改善

一つの例として、トマトの品質を調べました。堆厩肥による土づくりをした圃場で、有機質肥料区は肥料として菜種かす、骨粉を重点にし、その他の化学肥料は使わない、対照区は堆厩肥は同じように使うが化学肥料でやっていく。それで品質がどう変わるか、内容成分の分析をしていく。これは一九八一年頃から数年間、女子栄養大学の吉田企世子先生が中心になり、私たちも協力して、石川県の松任市の農家で行なった試験です。

このあたりは水田地帯で、堆厩肥で土づくりをしていますから、トマトはよくできる。一方が菜種油かすと骨粉で、他方が化学肥料であっても、見た感じは同じ。外見は見分けがつきません。

それをある時期に全部切り取って観察します。菜種油かすと骨粉（有機物）で育ったほうは、切る前は同じ感じですが、しおれたときの感じは〝ぐんにゃり〟としてやわらかい。化学肥料の場合は、繊維が硬く、ごわごわしたような感じがする。圃場に行ってさわってみると、やはり有機物

有機質肥料区　　対照区（化学肥料）

外見ではわかりづらいが，有機質肥料区は根の量，特に根毛が多い

図Ⅰ−8　トマトの根を調べる

区のほうはやわらかい。片方は硬いのです。

実験としては根を調べます（図Ⅰ−8）。外見をちょっと見た感じではよくわかりませんが、有機物区のほうが根毛が多い。

地上部を切って茎を缶の中に入れてやると、汁が出てくる。有機物区のほうがはるかに大量の汁液が出てきます。つまり、水を押し上げる力（根圧）が強い。水を押し上げる力によって地上部をピンとさせているのです。

次に味を調べてみる。大勢の人が味覚テストをする。見た感じはまったく区別がつかない。ところが、比べてみると、たしかに有機質肥料のほうが味がよいのです。

貯蔵試験でも、長い間置いておくと、有機質肥料のほうが長持ちし、化学肥料は早くだめになるということがひじょうにはっきりします。

ひじょうによい土でやっているのですが、それでも総合評価では、次のように有機質肥料の効果が出ています。

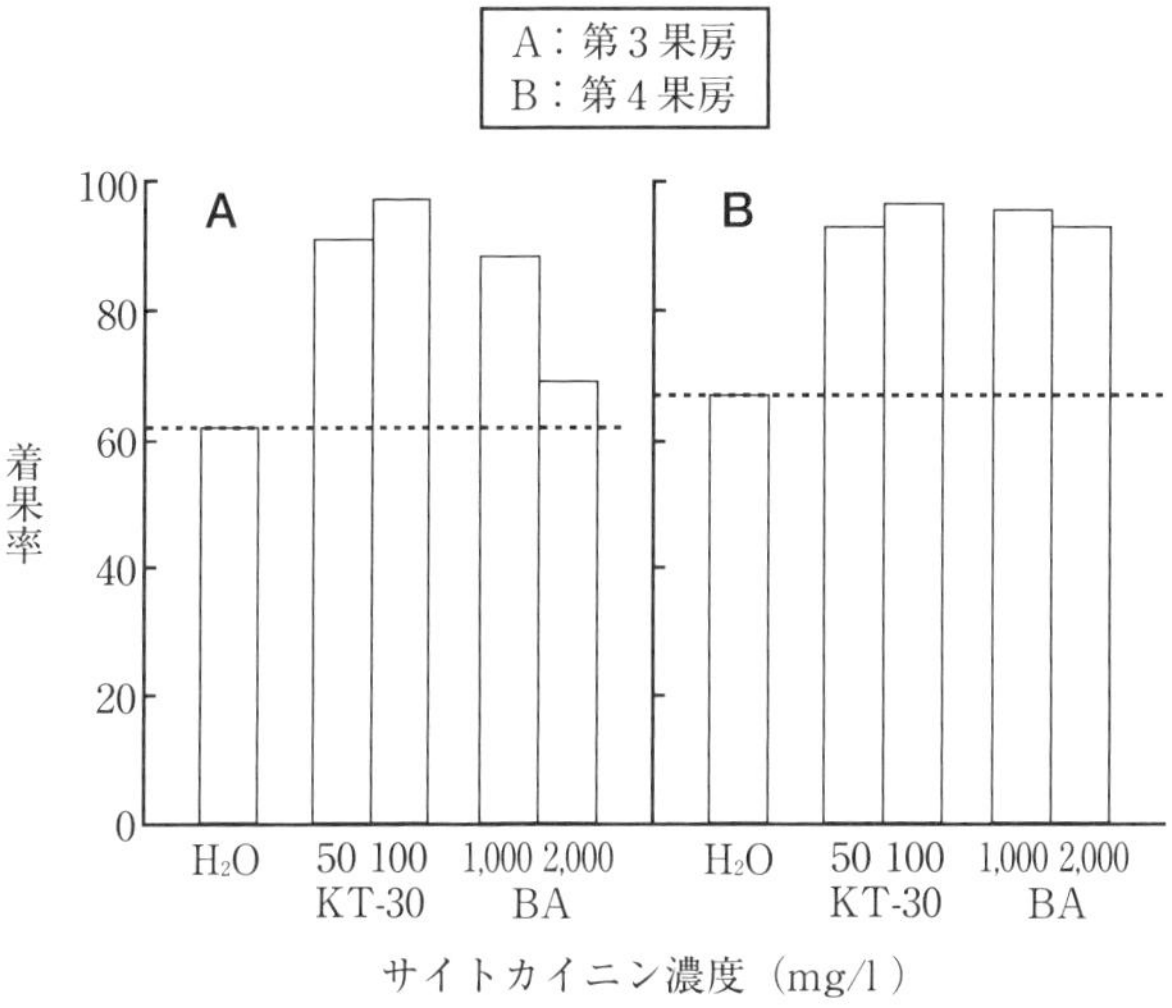

図I−9　サイトカイニンとトマトの着生

（Yoshida, R.，1984）

注．KT-30，BAともサイトカイニン物質

①サイトカイニンの噴霧試験をやると、株当たりの果実の着きがひじょうによくなります（図I−9）。

②糖の分析などの数字をみると、いろいろよくなっていることがわかります。

③貯蔵性がよくなっていることも割合とはっきりしています。なぜよくなるかというと、エチレンの発生が抑えられるからです（表I−4）。そのため品質もよいのでしょう。

実際に、一般にいう有機質肥料をやってみると、コマツナ、セルリー、キャベツ、レタスなどいろいろなものについて、成分がよくなっていきます（表I−5）。総合的なものですから、分析値だけでものを言うのはなかなかむずかし

表Ⅰ-4　トマトの貯蔵とエチレンの発生

（長谷川和久ら，1984）

果房段数	測定日（月，日）	経過時間	試験区 有機 発生量 (C_2H_4ml/kg)	有機 発生速度* (C_2H_4ml/(kg･h))	無機 発生量 (C_2H_4ml/kg)	無機 発生速度* (C_2H_4ml/(kg･h))
1	7. 14（開始）					
	20	149	29.5	0.19	38.1	0.25
	23	220	38.5	0.17	77.3	0.35
	25	269	50.1	0.18	88.7	0.33
3	8. 2（開始）					
	9	168	16.1	0.09	30.5	0.18
5	8. 12（開始）					
	13	21	32.6	1.52	27.3	1.27
	17	116	55.7	0.48	91.9	0.79

注．*測定時のエチレン発生量/試験開始後の経過時間

表Ⅰ-5　有機質肥料の施用試験で作物品質に効果を認めた諸例

（森哲郎，1992）

作物		有機質肥料の効果
葉茎菜類	コマツナ，セルリー	・収穫後の「しおれ」度合いの速度が遅い ・ビタミンC，葉緑素含量の減少率が少ない
	キャベツ，レタス	・日持ち，貯蔵性がすぐれる ・葉緑素含量の減少率が少ない ・輸送中の「きず，おれ」の発生が少ない
	タマネギ	・貯蔵中、春先の萌芽が遅い
根菜	ニンジン	・糖度およびカロテン含量が増加する
	ダイコン	・「まがり，ス入り」が少なくなり，貯蔵性も良好になる
果菜類	メロン	・裂果が著しく少なくなり，ペクチン含有率が高い ・外観，食味がすぐれ，アミノ酸や香気成分が高い
	スイカ	・上物収量が高く，変形果が少ない ・肉質が軟らかく，食味がすぐれる
	トマト	・花落ち不良果や窓あき果，尻ぐされ果が少ない
	ナス	・果実表面の褐色硬化およびガクの褐変・変色が少ない
	キュウリ	・果実の肥大が安定し，曲がり果や形状不良果が減少する

いのですが、このような効果があげられているのです。とくにビタミンCのようなものは効果がみられるようです。やはり、食べてみてよい、あるいは貯蔵性がよい、というのが一番正しいのではないかと思います。

つまり、元気な植物は合成反応がさかんです。アミノ酸や蛋白質ができる。そのアミノ酸に対する蛋白質の率が多い。すべてが合成方向に傾いていることが一般論で言えるのです。これは、アルバート・ハワードの『農業聖典』の思想なんですね。健康な植物というのは、虫に、あるいは病気にやられない。やられにくい。なぜかというと、体内の諸反応が合成反応の方向に強く向いているからなのです。

5　硝酸の問題

最後に問題にしなければならないのは硝酸です。

硝酸は植物の中においては他の反応に影響を及ぼすことなく、ある程度まではそのままの形態で貯蔵できます。この硝酸は必要に応じてアンモニアに還元されます。硝酸の還元には光が大きな影響を与えています。光の弱いところでは硝酸がそのまま残っています。

外から吸収する窒素は、畑では硝酸の形をしたものが多い。有機質肥料をやっても分解産物のうち植物が吸わなかった残りは、硝酸として土壌に残る率が高い。分解に応じて植物が吸収していく場合は硝酸が残ることは少ないのですが、過剰に与えるとたくさん残ることになります。ましてや化学肥料の場合には、最初からアンモニアであり、これは畑ではすぐに硝酸になりますから、植物はどうしても硝酸の形で吸います。根が健全に発育している場合には、それを吸って同化しますが、必ずしも吸収と同化が対応しない場合は硝酸の形でたまっていく。植物自体にはたいした影響はない。しかし、これでは人間が困ります。やはり、合成反応をさかんにしていることが重要だし、また外からの窒素が硝酸の形のみであることは困ります。

畑を二つに区切って、無機質肥料と有機質肥料をそれぞれ与えると、土壌中の硝酸の量は違ってくる。無機質肥料でやったほうが硝酸の量は多い。こういうことが言えます。これから硝酸はひじょうに大きな問題になってくるでしょう。

表Ⅰ－6　白菜の品質と堆肥

（猪俣，古畑，2000）

	水分 （g/100g）	全糖度 （％）	総ビタミンC （g/100g）	黄色部面積比率 （％）
堆肥単年区	92.92	5.4	298.0	47.1
堆肥連用区	94.01	4.0	310.5	61.1
化学肥料区	92.33	6.8	268.6	35.1

注．各分析の成績は5検体混合サンプルによる

表Ⅰ－6は、野菜と有機質肥料についての比較的最近の研究です。このように堆肥の施用により白菜の品質がよくなったとしています。日本土壌協会というところの研究で、広い範囲にわたって調べています。品質に関しては、化学分析はごく一面しか示さない。化学分析をやって差があるかないか、ということは簡単には言えません。この研究は、そういう状況のなかでも化学肥料と有機質肥料を比べたものです。

見た感じも違うが、分析値も違う。割ってみると、まん中がはじけるようになっていることがよくわかる。しばらくおくと、中側から盛り上がってくる。化学肥料区ではそれほどでもないのです。

6 吸収される窒素の質と量

(1) 土壌中の有機物の変化と微生物群

土壌中には単に窒素を含んでいるものだけでなく、いろいろなものが存在し、植物に吸収されています。

また、植物が吸収する養分の量は、与えられた有機物の分解速度と植物の成長速度によっても異なってきます（表Ⅰ−7）。たとえば、野菜にその栽培期間中に与えた有機物が果たして役に立っているかどうかということは、分解産物という面からみると違いがあります。

吸収されている窒素は有機物か無機物か
—質と量の両面から考えることが必要—

- 土壌中の有機物の変化
- 根の周辺土壌の微生物群
- 可溶性化合物中の有機化合物の存在率
- 有機・無機化合物の吸収速度

表Ⅰ−7 圃場での各作物の窒素吸収量
（kg ha^{-1}，1992年）　（山縣，2000）

	播種後日数	稲わら・米ぬか 施用	稲わら・米ぬか 無施用	t検定
トウモロコシ	70	99 ± 18	105 ± 11	
	85	107 ± 14	122 ± 10	
イネ	69	105 ± 38	50 ± 20	*
	97	86 ± 16	54 ± 15	*
ダイズ	41	12 ± 2	11 ± 1	
	97	179 ± 12	145 ± 9	*
バレイショ	85	103 ± 19	81 ± 13	*
ビート	97	109 ± 17	104 ± 35	

注．平均土壌標準偏差（n = 4）
稲わら・米ぬか施用，無施用区とも4つの硫安施用レベルにおける値の平均値
＊5％有意（稲わら・米ぬか施用，無施用区それぞれのなかの4つの硫安施用レベルを対応のある2試料とみなしてt検定を行なった）

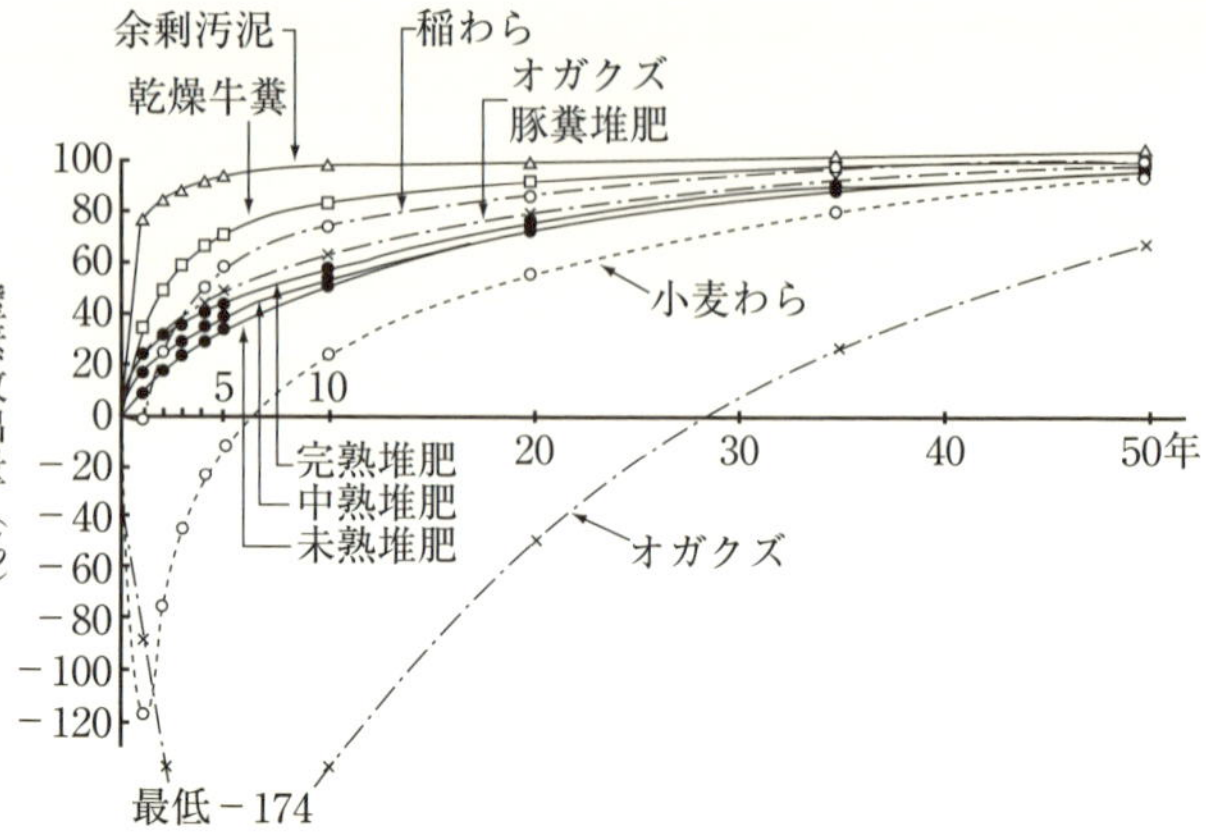

図I－10　有機物連用時の窒素の放出

（志賀，1985）

注．毎年施用する有機物中のN量を100とした場合

栽培期間における窒素無機化率の違いという点をみると、牛糞堆肥などは、栽培期間で一〇〇日くらいたっても、入れたものの一〇～一五パーセントしか無機化しません。したがって、有機物は土づくりとしてみていかないといけない。やったものがすぐにその作物の肥料として効くというようなことではないからです。そういうことで考えていけます。

図I－10は、オガクズ、牛糞をみたものですが、有機物の種類によって窒素の放出量に違いがあります。この場合は、見た感じは同じであっても、オガクズ部分が分解しているのかどうかが重要です。水田では、もともと木質などはよい効果がない。稲わらはよいのですが。木くずなどは、よほど注意しないと、かえって土壌中の窒素を吸ってしまいます。いつまでたっても放出しないで吸うだけだ、ということを示しています。実際にオガクズの入っている未熟堆肥の場合は、いい影響を与えない場合もあります。

根のまわりには、びっしりと微生物がいます。この微生物にはいろいろな種類がある。植物にいい影響を与えるものは共存・共生をし、そうではなく病原菌である場合には、植物はこれらを排除していきます。感染のメカニズムからみると、植物は外の微生物に対してオープンになっているのではなくクローズドですから、微生物はそれを破って中に入ろうとすれば、なんらかの作用で入らなければならない。他方、よい微生物は病原菌の侵入を防ぐ。この両方の兼ね合いで病気になるか、負けてしまうか、ということになります。

有機物の微生物分解物にはいろいろなものがあるけれども、たとえば窒素化合物はどういう形で植物に吸われるのでしょうか。アミノ酸からアンモニアになり、硝酸になって、最終的にアンモニアか硝酸で吸われるというのは、何十年か前の理論です。が、そうではなく、途中からアミノ酸とか蛋白質で吸われることもあるに違いないとした研究があります。これは一つの証拠で、北海道農業研究センターの山縣真人さんの研究報告です。

表Ⅰ－8 稲わら・米ぬかまたは塩安由来窒素がイネ，トウモロコシ，ダイズの期間別吸収窒素に占める割合（寄与率％，1995年，2Lポット試験）

（山縣，2000）

		期間（播種後日数）	
		0～56	56～69
稲わら・米ぬか区	イネ	25.3 ± 0.3	25.8 ± 0.5
	トウモロコシ	21.6 ± 0.2	20.0 ± 2.1
	ダイズ	20.9 ± 0.8	21.9 ± 2.8
塩安区	イネ	20.5 ± 0.1	20.1 ± 0.1
	トウモロコシ	20.8 ± 0.2	20.7 ± 0.4
	ダイズ	19.3 ± 0.2	19.8 ± 0.7

注．平均±標準誤差（n＝4）

この研究では、トウモロコシとイネに注目しました。施用有機物は稲わらと米ぬかでやってみました（表Ⅰ－8）。栽培したイネは陸稲（畑）です。稲わらと米ぬかを施用した場合と無施用の場合を比べてみると、トウモロコシはたいしたことがない。イネに関しては、施用したほうは吸収量が多い。どうも、植物の種類によって、米ぬかから分解していく途中の産物を吸収する量が違うのではないか。最終産物から吸収するのなら、それは土壌からですから、そういう違いが出るわけがない。ということで、まずトウモロコシとイネを調べたわけです。

トウモロコシでは、米ぬかからの窒素吸収に大差がない。しかしイネでは、米ぬかをやったほうが吸収率がよくなっている。どうもこれは、イネが蛋白質を吸っているのではないか。イネやムギが蛋白質を吸うことは、蛋白溶液の中で水耕栽培をしてみると十分育ちますから、わかります。アミノ酸を吸うことは古くからわかっている。アミノ酸のうちどういう種類が生育によいのかということも、わかっています。

アルブミンなどは生育によい。ただ、実験的にはよくても、これを肥料としてやろうなどということは経済的に考えられないですね。しかし、適当な有機質肥料の形で施され、その分解物として根の表面に到達した場合には吸収します。実際に根に到達して吸収された後にどのような違いが出てくるかを明らかにすることはむずかしいのです。

もう少し厳密にみる場合は、与えた窒素に標識、ラベルをつけておく。アイソトープで標識をする。値はすべてイネのほうが高くなります。米ぬかからの窒素は、トウモロコシ、ダイズよりイネのほうが優先的に吸う。なぜ、そうなのか。土壌中の窒素はほぼ同じで、土壌の中では同じように分解してきたのに、イネのほうはアミノ酸である蛋白質を摂っている。

次に、稲わら、米ぬか由来の窒素が吸収窒素に占める比率をみると、稲わら・米ぬか区ではイネ二五・八パーセント、トウモロコシ二〇・〇パーセント、ダイズ二一・九パーセントであり、明らかにイネのほうがたくさん吸っています。それに対して塩安区ではアンモニア由来窒素はそれぞれ二〇・一パーセント、二〇・七パーセント、一九・八パーセントとなっており大差がありません。

さらに、土壌中の蛋白質はどうか。やはり、イネのほうが吸うものですから、土壌中に残っている蛋白質だけを取り出してみると、イネをつくった土壌のほうが低い（図I-11）。トウモロコシのほうが蛋白質が残っている。だから、有機物中の窒素化合物は単純にアンモニアや硝酸にまで分解してしまうのではなく、やはり中間物として蛋白質が残っている。それがイネに吸われていると考えられる。どのような形で残っているのかというと、微生物に分解されにくい形で残っている。それはなぜか。土壌中の腐植粘土複合体に吸着していて、分解されにくい形で、しがみついているからです。

そのことを研究したのは、つくばの農業環境技術研究所にいる阿江教治さんです。実験的にみた場合には、土壌についている蛋白質を吸いやすい作物と吸いにくい作物とがある。ホウレンソウ、ニンジン、チンゲンサイなどは吸いやすい。この場合は菜種油かすなどと硫安などとに分け、土壌の分析をしています。

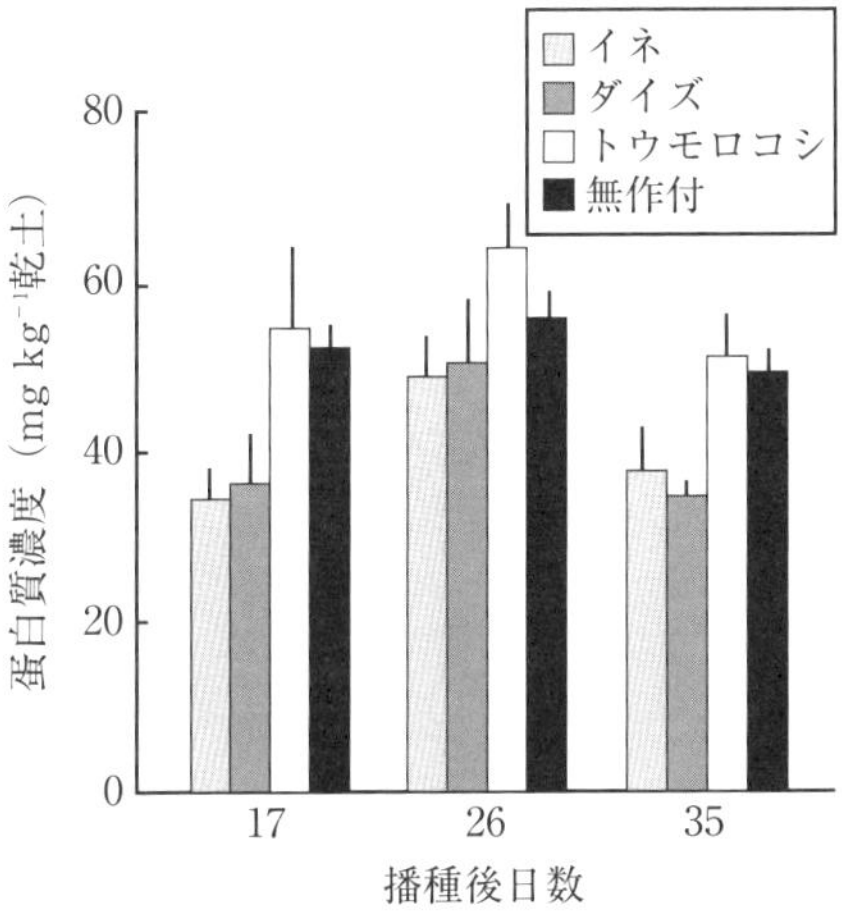

図Ⅰ－11　稲わら・米ぬか施用区におけるイネ，ダイズ，トウモロコシ栽培根圏土壌中の蛋白質濃度（1996年，育苗用ポット試験，稲わら・米ぬかは播種14日前に施用）

（山縣，2000）

注．縦棒は標準誤差（n＝3）

このように栽培期間中の有機態窒素、つまりアミノ酸および蛋白様窒素ですが、これがかなりあるわけです。蛋白質は微生物によって全部分解するのではないか、と俗に言われていましたが、そうではないことがわかりました。また、あるものは吸われるが、あるものは吸われないこともわかりました。

土壌の有機態窒素としてはアミノ酸、ペプチド、そして蛋白質などがありますが、これらは実際にはリン酸緩衝液抽出有機態窒素で、可給態窒素です。蛋白のあるものは、なんらかの形で土壌の中で、細菌によるアタックを避けながら存在しています。植物はなんらかの作用を及ぼしてこれを吸収する。活性の強い植物は、この蛋白様窒素を取り込み、吸収しています。植物根は土壌粘土粒子に吸着されている蛋白質を表面から引き剥がしていく。これを積極的に行なうようなメカニズムがあることを評価する必要があります。

以上のように、有機質肥料・有機質資材は、粗大有機物から菜種油かす、骨粉にいたるまでいろいろな種類がありますが、どこでどういうふうな働きをしているかを総合的にみる必要があるのです。

(2) 土壌の養分バランス

最後に問題点として、土壌養分のバランスの問題があります。有機物の種類によってはカリウムが多くなる、あるいはリン酸が多くなる。これは皆さんご存知でしょう。土壌分析をしてみると、カリウムあるいはマグネシウムが欠乏することがある。あるいは、土壌に有機物が多いとき、特に畑土壌などでオガクズが多くてホカホカしているような場合に、微生物的に酸化されてマンガン欠乏を起こす可能性がなきにしもあらずです。さらに全般的にみると、これから注意しなくてはならないのは地下水の硝酸汚染です。

土壌養分のアンバランス、バランスが崩れるということについては、東京農業大学の村本譲司さん(現在、カリフォルニア大学でオーガニック・アグリカルチュアの研究をしています)、蜷木翠先生、後藤逸男先生の研究があります。この方々の言ったことは現在でも正しい。たとえば一〇アール当たり五トンの堆肥を施用した場合に、黒ボク土であれば約五年、非黒ボク土であれば二～三年で、良好なバランスに戻りますが、その後は土壌のpHを高めすぎないよう、またリン酸、カリウムなどの過剰に注意をする必要があります。

地下水の硝酸汚染については、施用量全体の問題です。表Ⅰ-9は、少し古いデータですが、環境庁の発表による地下水の硝酸（平成十三年度）です。五・八パーセントは飲料水に適さない。地下水の硝酸の基準には、飲用水基準が使われている。地下水の環境基準をオーバーしているところは、水田地帯より畑のほうが多い。

表Ⅰ-9 地下水の硝酸汚染の状況調査（環境省）—硝酸性および亜硝酸性窒素の環境基準値（10mgN/L）を超過した井戸の数

調査年度（平成）	調査数（本）	超過数（本）	超過率（%）
6	1,685	47	2.8
7	1,945	98	5.0
8	1,918	94	4.9
9	2,654	173	6.5
10	3,897	244	6.3
11	3,374	173	5.1
12	4,167	253	6.1
13	4,017	231	5.8

湧き水がそういう窒素を含んでいます。川の場合は下水の処理水なども入ってきます。たとえば多摩川の場合を上流から下流までずっとみてみると、きれいな湧き水も含めて窒素が増えていきます。そして、河口に近くなると飲料水の環境基準すれすれです。海の環境基準はまた別に低く設定されており、飲料水の環境基準は高いところにありますが、それにしても川の窒素汚染はひじょうに高いところまでいっているのです。

野菜を分析すると、なかには硝酸の値が、高いものがあります。環境保全型農業でつくられている作物は概してそんなに高くはない。しかし、野菜は畑でよいものができても、地下水中の硝酸は別に問題になります。有機農業の生産地帯でも飲料水基準を超えて硝酸を含んでいるところはあります。このあたりのことは注意が必要です。

7　これからの有機農業、環境保全型農業

有機農業は環境保全型農業の中にきちんと位置づけられてきておりますし、環境保全型農業全体をリードしているというような立場にあります。しかし現在、有機農業の広がりは、統計上はそれほど大きなものではありません。しかし、やっている方の意欲、さらに増やそうという意欲は、農林水産省統計調査部の調査でも出てきております。ただ、全体としてはまだまだ少ないので、これからはいっそうてこ入れをする、ということを考えていかなければならないのではないかと思います。有機農業のほうからも外に対して積極的に主張する、ということも必要でしょう。

ドイツは有機農業に対してこれだけの補助金を出しているではないか、あるいはヨーロッパ各国は具体的にこれだけ出している、日本でもいくつかの市町村は有機農業に対して補助金を用意している。国に対して、やはりそういう意見を主張することが重要ではないかと思います。十数年前、有機農業促進基本法案を日本弁護士連合会などが準備しました。しかしそれは、十分な議論をみていない。有機農業そのものの発展とともに、環境保全型農業全体を牽引していくような意味においても、有機農業の役割があるわけです。皆様方のこれからのご健闘を祈りまして、これで話を終わらせていただきます。

《質疑応答から》

司会　私たちは、これまで活動して三十余年、どちらかというと理念的な面が強く、具体的なところでは経験をベースにしながら、農民が交流して農民的な技術を積み上げる、ということでやってきました。今日は、科学の目から作物の栄養吸収についてお話をされ、あらためて有機農業の深い部分に迫っていただき、目からうろこが落ちる思いです。

とりわけ、有機農業といえども、リービヒ理論による有機物肥料が分解して無機物になってから吸収されるという先入観があって、窒素、リン酸、カリ、微量要素と分解して考えがちでした。しかし、今日のお話のなかで、有機質肥料が無機物に分解されている途中で、蛋白質、アミノ酸の形態でも作物によっては、かなり高い割合で吸収されているということは、重要なポイントであると思います。

今年のように天候が不順で日照が少ない年であっても、有機農業では一定の成果をあげています。それは、有機農産物は合成反応がひじょうに高いという先ほどのお話で、一定の裏づけがされているのではないかと思います。

有機栄養理論に基づく技術の必要性

質問者1　これまで長年、農家は有機質肥料を使用してきましたが、植物栄養という観点では、無機的なものに換算して施用するとか、土壌分析を行なうなど、化学的な元素成分を意識して利用するという施肥技術になっていました。有機農業の仲間たちもほとんどがそのようにしていると思います。

ところが、前から、たとえば森敏さん（『有機農業の事典』三省堂、初版一九八五年、新装版二〇〇四年を参照）のように、植物は有機体として吸収するほうが多いのではないかとの考え方もありました。有機物を植物が吸収することを前提とした施肥法・栽培法、あるいは堆肥のつくり方に取り組み、従来のいわゆる無機栄養説ではない、新しい栄養吸収理論に基づいた技術を独自に組み立てていかなければならないのではないかと思います。

農業者もこれまで無機栄養説でやってきたことを反省しなければなりませんが、今後は土壌肥料のあり方、具体的なあり方について、行政や研究者もそのような方向で進めていただきたいと考えます。先生のお考えはどうでしょうか。

熊澤　投入した窒素肥料、たとえば菜種油かすが土中で分解したときに、以前に言われていたように微生物によってパーっとすべて分解されてしまうのではなく、分解されにくい形で残る部分があるということは、比較的最近になってわかってきたことです。

しかし、半分以上は分解されて無機態になっています。植物が有機物だけで育っているということはありえない。ただ、有機物は、先ほどサイトカイニンで説明したように、いろいろな機能・効果がある。生き物だから、あるところでプラスの効果があれば、それが拡大再生産されます。ですから、思った以上に意味をもってくるのではないか。

吸収している窒素は、その構成からしても、元がすべて有機物であるということはありえません。当然、無機物もあるし、それを植物は吸っています。だから問題は、いかにうまくコントロールするかということです。考え方としては、有機物の吸収は積極的な意味をもつが、だから無機物を吸わないということではありません。

先ほどの阿江氏（二〇〇二年）の報告によれば、ある時期に土壌中の無機態窒素が四一パーセントのとき、蛋白態窒素は三四・六パーセントであったというように、分析が行なわれています。実際の圃場で四一パーセントと三四・六パーセントのどちらが早く吸収されるかはわかりませんが、残っている蛋白質の窒素も当然吸収される。また、蛋白質で吸収された場合には、アンモニアあるいは硝酸として吸収された窒素と異なる生理的な役割をするのではないかとも考えられています。それが、どのような蛋白質の、どの部分が、どのような役割をするかについては、今後の研究課題ということですね。

研究者は、実際に現場でどのような栽培が行なわれているのか、把握しながらみていく必要があると思います。

マンガン欠乏にどう対応したらよいか

質問者2　有機農業に取り組むなかで土壌分析を二年間行なっています。その結果、水田後地ではカリウム過剰が著しい。努力の結果、カリウム、マグネシウム、カルシウムなどのバランスはなんとか保てるようになったが、マンガン欠乏がクリアできなくて困っています。ＪＡが扱う有機ＪＡＳ認定のＦＴＥという資材があるということで検討中だが、他に方法はないのでしょうか。

熊澤　むずかしい問題です。pHがどのくらいかにもよるが、アルカリ性の場合は酸性のほうにもっていくことを考えなければなりません。簡単に言えばアルカリ性資材の使用を抑えマンガン肥料を使えばよいということだが、化学肥料を使用しないことを前提とするなら、当面は言われるようなＦＴＥなどの資材を利用する形になるのではないか。

有機で使ってどうかということについては、有機ＪＡＳ検討会ではそうしたことも考え、有機農業で使用可能な資材には相当幅をもたせて、いろいろなものを入れたという経緯があります。

野菜の硝酸は減らせないのか

質問者3　野菜から硝酸の摂取が多い。これは大きな問題です。しかも、有機農産物からも出ています。消費者は、どうしたら、こんなに硝酸の多くない野菜を食べることができるのですか。

熊澤　硝酸については、問題は二つあります。一つは地下水の硝酸、もう一つは野菜のように地上に育っているもののもつ硝酸です。

まず、地下水の硝酸についてみると、有機農業などで、堆厩肥が必要となるからと山ほど積み上げていて、それが雨で流れ、地下水に入る。古くは、そうしてしみ込んでいったものが多い。たとえば一〇アール当たり五トンの堆厩肥を長期間まいていると、直下の水は硝酸が高くなります。

地下にしみ込んだ水は、その地帯全体の山林も含む広い地域の地下水で薄められます。だから、湧き水として出てくる水は、特定の地域の地下水の状態とは違ってくる。農業をやっているところでは、作物が硝酸を吸収するので、地下水には過剰になった硝酸が出てくる。つまり、地下水に影響を及ぼす度合いは地域や農業のやり方によって異なります。土壌調査では硝酸の試験紙を必ず持ち歩くので、そうしたことがわかるのですね。

フランスでは、地域ごとに地下水の状態を把握し、それぞれ標準的な施肥を決めて、基準を守ることにしています。その基準を守ることによる減収分に対しては、「環境支払い」を始めています。日本においても「環境支払い」をやらせるべきでしょう。消費者団体や婦人団体が硝酸の観点から要求していったらよいですね。

健康な農作物に対する考えについて、研究者の側でも反省が出てきています。ある菌、ベト病でもよいが、それが葉についたからといっても、葉の中に入れないことがある。農作物が健康であれば入れない。したがって、病気予防や病気に対して薬（農薬）をやればよいという今までの研究から、防御機構を研究しようという方向になっています。また、硝酸についても、有機農業と化学肥料による農業の両方をみると、やはり化学肥料からくるほうが多いといえます。

質問者3　有機農業を進めて、化学肥料を抑えることがだいじだ、ということですか。

熊澤　そこはむずかしいところで、いつも論点になります。有機物は作物の生長に合わせて分解されるわけではない。作物が畑にないときでも、有機物は分解する。そういうときに雨がふれば、地下水に流れていきます。地下水の汚染ということに関しては、トータルとして有機物の施用を考えていく必要があります。

土壌および基肥として与えられた有機物からの栄養供給のみでは、現在の収量を下げていけば別だが、あまり収量を下げないで、あるいは質を下げないでいこうとすると、ある程度栄養分を供給しなければならない。どういうような有機物を追肥として使うか。即効性の有機物、それに代わるものとして化学肥料を適当に使えばうまくいくのではないかというのが、現在の特別栽培、環境保全型農業のねらっているところではないでしょうか。

遺伝子組換え作物は必要か

質問者4　今、遺伝子組換え（組換えＤＮＡ技術）によって、いろいろな作物を人工的にゆがめて人間の都合のよい品種をつくり出すことが行なわれており、それに対して大変強い懸念をもっています。農業生産において、組換え作物はどのような位置づけになるのか、先生のお考えは？

熊澤　大変むずかしい問題ですが、端的に言えば、そういう必要性がいったいあるのかどうか、ということです。多様な生物がいるから、現存する生物で間に合わないのかどうか。遺伝子組換え植物に頼らなければならないような状態に置かれているかというと、現在は置かれていないと思います。今はむしろ、食料が生産過剰だから抑えろというのが本音です。それでいて、将来の危機を抑えると言って、端的に自分たちのポケットをふくらましているのが実情ですね。実際に必要を感じるのは誰か、ということです。

将来の食料危機と人口問題は切り離せないが、人口問題はむずかしい。どこで人口が平衡状態になって、どこで減りだしたのか、など。それぞれの国ごとに考えていった場合には、食料問題はけっしてギブアップするような状態ではありません。ギブアップしてみえるのは、よそからそういうふうな力が働いているからですね、アフリカにしても日本にしても。そういうなかで、特に食料との関係でみると、このたぐいのことを、言われるようにそうせっぱつまって技術として入れる必要はないと言えるのではないでしょうか。

ただ、まったくそのようなものとは切り離されたところで、ある種の微生物を使って有効な資材をつくろうという場合には、従来からもやってきていますが、遺伝子組換えという技術が積極的に使われていく可能性はあると思います。また植物育種の可能性を広げるものとして受け入れることのできる遺伝子組換え技術の研究は進められる必要があります。

それから、もう一つ。遺伝子組換えで除草剤耐性というものがありますが、そうしたものではなく、植物が天然にもっているものを利用するという方法があることを忘れてはならないと思いますね。

植物は、自分でつくった有機物を外に放出している。その場合の有機物は、いろいろ違っていることもわかっている。自分に対して有利に働くと同時に、他に対しても有利に働くというかたちのもので、共栄作物のようなものです。その研究をもう少し進める必要があるでしょう。つくばの研究でも、ある種の植物は、それ自体の中に殺草成分を含んでいる。これは、土壌消毒剤を使う代わりとなり、この植物を輪作の体系の中に取り入れ、時期をみて鋤き込むことで、相当の効果がある。遺伝子組換えではない、それ以外のそういうことも、もっと研究していくことが必要でしょうね。

司会　貴重なご講演とていねいな質疑応答に感謝申し上げます。日本の有機農業に新しいものを産み出す大変だいじな場面になったのではないかと思います。ありがとうございました。

（二〇〇三年十月十日　於・文京区民センター）

Ⅱ　土壌微生物と作物

―有機栽培の基礎技術

西尾　道徳

1　有機農業のコンセプト

最初に有機農業の考え方をかいつまんでお話しします。

今日、有機農業が特に先進国で大変進展してきています。それを追いかけるように途上国でも、有機農業への関心が高まっています。先進国では化学肥料や農薬を使って生産性が飛躍的に上がり、食糧増産が実現して、国際市場で農産物が供給過剰基調になって食料不安がなくなった。むろん途上国では、特に戦争をしていると、飢餓の問題が付随していますが、先進国では食料不安がなくなり、金さえあれば買えるという状況になってきた。その反面、環境が汚染され、食料の安全性に対する不安が高まってきたため、それらを反省して、自然に存在しない化学肥料とか化学農薬、遺伝子組換え作物などをできるだけ使わずに、環境に優しく安全な農産物を生産し、しかもその安全性に対する安心が担保されることが強く求められるようになりました。

こうしたうえで、長期に持続可能な食料生産が必要だというので、ライフスタイルの変換が求められる時代になってきたわけです。先進国の農産物輸出国では、国際市場で農産物が下落し、農業者の所得が大幅に減ってしまった。そういうなかで有機農産物の需要が高まってきたことから、有機農産物を販売して所得をあげるということに、政府がものすごい関心をもってきたわけです。

そして、有機農産物の貿易量が増えてきて、国際的に有機農産物の基準を揃えないと貿易面で不都合が生じてきた。そこで、ＦＡＯとＷＨＯの合同委員会のコーデックス委員会（食品の規格などをつくっている国際委員会）が、有機農産物のガイドラインに沿って、日本のＪＡＳ法のなかで有機農産物の生産基準もつくられているわけです。しかし、日本の有機農産物の生産基準は最少の言葉で書かれていて、あまりよくわからないですね。コーデックスのガイドラインを読むと、冒頭に何ページにもわたって有機農業の概念とか意義がていねいに解説されています。そのなかで重要なポイントをご紹介します。

第一点は、有機農業は環境に優しい農業方法の一つであるということです。裏返せば、環境に優しくない農業は、正しい意味での有機農業ではないということです。ガイドラインには、「有機農業は環境にやさしい農業方法の一つである。有機生産システムは、社会的、生態的及び経済的に持続可能な最適農業システムを達成することを目指した、特定の明確な生産基準に基づくものである」と記されています。だから認証制度というものが必要だということです。

2　多様な有機農業

また、ガイドラインには、「有機農業は、生物多様性、生物的循環や土壌の生物活性を含む農業生態系の健全性を促進かつ向上させるトータルな生産管理システムである。有機農業では、地域の条件には地域に適応したシステムが必要であることを考慮し、農場外で作られた投入物よりも、トータルな管理方法を使用することを強調する。システム内の機能を満たすために、可能な限り、資材を使用せずに、栽培的、生物的及び機械的な方法を使用して、有機農業を達成する」と記されています。換言すれば、地域の条件に適したシステムを用いて、農場外でつくられた投入物、つまり農薬や化学肥料というものではなく、そのシステム内でつくられた農場副産物だとか地域の有機物資源を活用して、物質循環に基づいて農業を行なうことを強調しているわけです。

日本でいろいろな有機農業が行なわれておりますけれども、その実践方法の幅は大変広いようです。養分投入を行なわないと称するものから、ものすごく多量の養分を投入しているものまで幅が広い。それから、輪作を基本にしているものから、連作をやれば土壌伝染性病害虫が増えてくるのは必然ですけれども、それを化学農薬によらない方法で防除しながら連作していくものまで、いろいろなものがあります。

有機農業では生産の持続性ということが大切ですし、それが環境保全とマッチングして行なわれることが非常に大切です。その判断論拠として、私は、まず養分収支を取り上げています。

(1) 福岡正信の自然農法

一方の極として、ご存知の福岡正信さんの「自然農法」があります。この「福岡自然農法」は科学的な妥当性をもっているのでしょうか。といいますのは、福岡自然農法には四大原則というのがあって、不耕起・無肥料・無農薬・無除草を原則にしています。冗談ですが、「四ない農業」、「しない農業」、なんにもしない農業。これで農業ができるのだったら、誰も苦労しないし、人類がこれほど食料生産に苦労しなかったはずだと思います。本当にこんなことで作物生産ができるのか疑問です。

福岡さんの主な作付け体系は、水稲とハダカムギの一年二作の体系です。まず水稲の収穫間近の十月初旬に排水をして、水田にクローバを播種します。クローバは窒素固定をしますので、土壌への窒素の付加という意味があります。十月中旬の水稲収穫前にハダカムギを播種してしまう。十月下旬に水稲を収穫する。そうしていると、クローバやハダカムギが育ち始めるわけです。十一月下旬に水稲の種子を土団子、つまり土の団子の中に籾を入れて田んぼに播いてしまう。これは、普通に田植えをすると、ムギの収穫と水稲の田植えの作業が重なって大変になるので、それを回避する意味で十一月下旬に水稲の種子を播いてしまう。寒いですから、水稲は休眠状態で発芽しない。やがて春になってクローバやオオムギの麦稈《ばっかん》の間からイネが伸びてくる。すぐには湛水しないで、幼穂形成期《ようすいけいせいき》になって湛水していくというようなやり方のようです。

玄米の収量はヘクタール当たり五・八トンから一二トン。ハダカムギが五・九トンから六・五トン。こんなにたくさん穫れると、福岡さんの本に書かれています。これで養分収支が成立しているのかが、大変疑問になります。養分として何を入れるかというと、水稲とハダカムギのわら、クローバの鍬込み、それから鶏糞と書かれている。これだけで上述の収量が上げられるのか疑問に思って計算をしてみました。後からお話ししますけれども、わらを施用しても、わらから無機態窒素はしばらくの間出てきません。たとえばコムギわらですと、連用して六年間は無機態窒素がマイナスになります。マイナスになっているようなときに、こんなに高い収量が得られるはずがないわけです。

疑問に思っていましたところ、福岡さんの『自然農法』（時事通信社、一九七六）という本の中に、石灰窒素、つまりカルシウムシアナミドをヘクタール当たり窒素で一七六キロも入れているとか、雑草防除やクローバを枯らすために除草剤のＤＣＰＡやシアン化ナトリウムを使うと書いてあるのに気づきました。特に転換初期の一番むずかしいときに、化学肥料や化学農薬を使っているのなら、正しい意味での有機農業といえないだろうと思います。

その部分を示しますと、施肥のところで鶏糞三〇〇キロに加え、石灰窒素一〇アール当たり八〇キロを施用すると、ちゃんと書かれています。また、除草剤としてDCPA、枯草剤として乾燥剤かシアン酸ソーダを使ったということが書かれています。

こうした記述からすると、転換初期は大変だったのだと思います。わらを入れても、養分はすぐにはまともに出てこない。雑草が生い茂る。そういうことで長年苦労されたのだと思います。そして何年も経過すると、わらの分解能は高まり、窒素の放出が増えてくる。雑草の種類構成も単純化してくる。そうやって一〇年以上も続けていると、やっと化学肥料や化学農薬を使わなくてもよくなったのだろうと思います。そうなってからは「四ない農業」と言えるようになったのだろうと推察します。

しかし、そういう状態になるまで、どうやっていくのかというところが、実は有機農業で一番大切なところです。そこで、化学農薬や化学肥料を使ったというのでは困るということです。

(2) 集約的有機農業

他方の極では、購入した油かすとか堆肥を使って多量の養分を投入する方式が行なわれています。そして、たとえば「太陽熱消毒」や「熱水消毒」とかの農薬によらない方法で病害虫防除をしながら連作を行なう、集約的な有機栽培も行なわれています。

集約的な有機の野菜生産ですと収量は相当高いはずです。しかし同時に、養分の過剰集積を起こしているケースが多々あります。それは、現在化学肥料を多用して土壌中の養分が過剰かつアンバランスになっているのを、そっくりまねしているわけですね。そういう集約的な有機農業も困ったものだと思います。

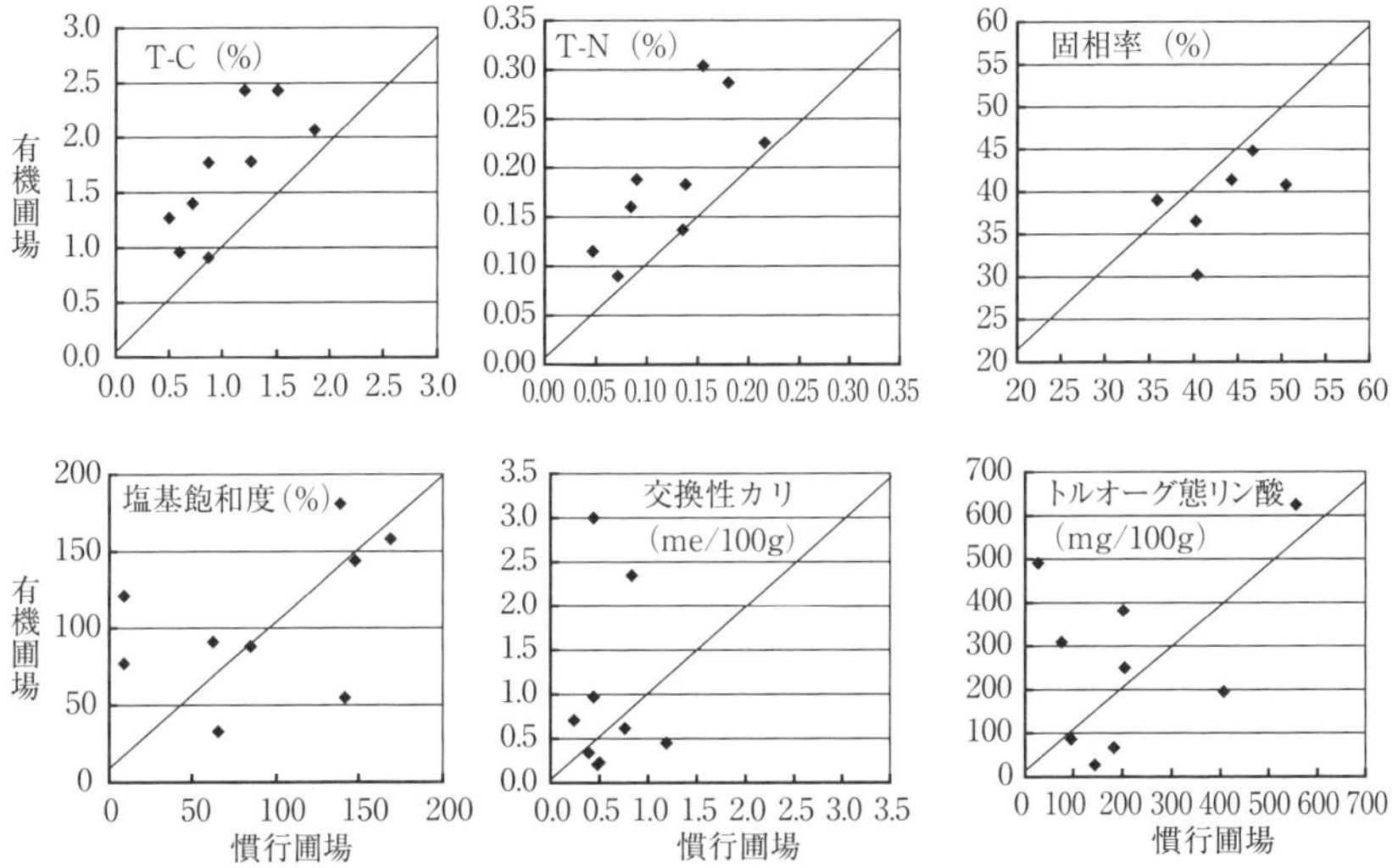

図Ⅱ－1　愛知県における有機および慣行栽培土壌の化学的性質の比較

（瀧・加藤，1998から作図）

図Ⅱ－1は、愛知県農業総合試験場が、愛知県下の有機栽培の畑の土壌と慣行の土壌の化学的性質を比較した図です。それぞれの土壌の性質が両者で同じだとすると、ちょうど四五度の角度の直線に測定値が乗ってくるはずです。この直線と比較しますと、土壌中の有機物含量を表わす全炭素や全窒素は有機栽培土壌のほうが高い結果が得られています。有機栽培では有機物をたくさん入れ、慣行栽培ではほとんど有機物を入れていませんので、有機栽培土壌で、土壌中の炭素や窒素の含量が高くなってくるのは必然です。そうなれば、固相率（一〇〇ミリリットル当たりの固体の割合）は小さくなって、土壌は柔らかくなっています。これも必然です。

問題なのは、養分の面です。塩基飽和度、これは土壌の陽イオンの保持能力の何パーセントの塩基類が存在しているかを表示する指標ですが、有機栽培土壌のなかの約半分が一〇〇パーセントとか、なかには一〇〇パーセントを超えている場合もあります。一〇〇パーセントを超えているのは、土壌粒子にくっつける分はくっついて、さらにくっつけなくなった塩基が土壌溶液に溶け出ているということです。ひどい場合には結晶になって沈殿する。そうなってくると土壌の浸透圧が高くなってきます。漬物と同じです。菜っ葉に塩をかけると菜っ葉の水が外に出てきますね。これは浸透圧の低い葉っぱの中から、塩を入れて浸透圧が高くなっている外に向かって水が出てくるからです。水は浸透圧の低いほうから高いほうに流れていくわけです。根の中の浸透圧より土壌水の浸透圧が高ければ、作物の根の中の水は外に向かって絞り出されて、作物は枯れてしまいます。それが濃度障害ですね。化学肥料をいっぱい入れたハウスでそういうことが起きている。それと同じようなことが起きる有機栽培土壌がある。また、カリが非常に多く、有効態のリン酸も多い。慣行農法とまったく同じような土壌が有機栽培でも多いことを示しています。

表Ⅱ－1は、京都府美山町の水田転換畑のビニールハウスで野菜を有機栽培している土壌の例です。五つの圃場を比較したのですが、多くの測定値が基準値を超えています。たとえば、土壌中に溶けているイオンの濃度、浸透圧の目安になる電気伝導度や、有効態リン酸などが非常に高い。塩基飽和度も一〇〇パーセントを超え、塩基類も非常に高い。

こうしたことがなぜ起きるのか。ここでは、肥料として発酵牛糞、ボカシ堆肥、発酵鶏糞を使っていますが、これらから投入される養分量を計算してみます（表Ⅱ－2）。全成分量というのは有機態の成分を含めています。有機態成分は作物にそのまま丸ごと吸収されるわけではありません。無機化されて無機態になってから作物に吸収されるのが原則です。どれだけが無機化されるかという計算が面倒なものですから、肥効率、つまり化学肥料に比べてどれだけが作物を生育させる効果があるかという数値、この一般的な数値がありますので（表Ⅱ－3）、その数値を用いて化学肥料相当の成分量を計算します。

表Ⅱ-1　有機栽培の野菜転換畑ビニールハウス土壌（深さ0～15cm）の分析値

（堀ら，2002）

圃場	T-C (%)	T-N (%)	pH (H_2O)	EC（1：5）(mS/cm)	トルオーグリンP_2O_5 (mg/100g)	CEC (meq/100g)	塩基飽和度 (%)	交換性陽イオン (mg/100g)			MgO/K_2O
								K_2O	CaO	MgO	
A	8.8	0.83	7.1	0.89	695	28.9	144	273	703	204	0.7
B	4.2	0.36	7.3	0.31	206	16.4	110	141	295	85	0.6
C	3.1	0.36	6.9	1.23	101	18.9	126	47	459	116	2.5
D	5.1	0.44	7.1	0.74	114	18.9	120	73	445	92	1.3
E	2.1	0.21	6.8	0.34	43	12.6	96	21	267	39	1.9
基準値			6.0−6.5	0.3−0.8	40−80	>15	80	15−50	250−320	50−75	1.1−2.9

表Ⅱ-2　圃場Aにおける養分収支の計算値

（堀ら，2002を再計算）

		投入量 (t)	全成分量 (kg)	化学肥料相当量 (kg)	化学肥料相当量計 (kg/ha·年)	吸収量（kg）	
						内訳	計
N	発酵牛糞	8×5	640	192	1,278	コマツナ4作　333	378
	ボカシ堆肥	4×5	760	456		キュウリ1/4作　22	
	発酵鶏糞	3×5	900	630		トマト1/4作　23	
P_2O_5	発酵牛糞	8×5	440	264	1,631	コマツナ4作　101	125
	ボカシ堆肥	4×5	1,200	600		キュウリ1/4作　14	
	発酵鶏糞	3×5	1,096	767		トマト1/4作　10	
K_2O	発酵牛糞	8×5	1,200	1,080	2,106	コマツナ4作　405	509
	ボカシ堆肥	4×5	420	378		キュウリ1/4作　50	
	発酵鶏糞	3×5	720	648		トマト1/4作　54	

注．発酵牛糞は美山町で使用されている牛糞堆肥に置き換えて計算した

表Ⅱ-3　家畜糞堆肥等の3要素別肥効率

	牛　糞					鶏　糞		有機質肥料
	牛糞，乾燥牛糞，牛糞堆肥	牛糞オガクズ堆肥	豚糞，乾燥豚糞	豚糞堆肥	豚糞オガクズ堆肥	乾燥鶏糞	鶏糞オガクズ堆肥	
N	30	15	70	50	35	70	35	60−70
P_2O_5	60	30	70	60	35	70	35	30−70
K_2O	90	90	90	90	90	90	90	90

注．倉島（1983），湯村（1983）および松崎（1985）から作表

表Ⅱ-4　野菜ジュース飲料の硝酸態窒素濃度の階層分布

（関本・児玉・小松，2000）

順位	平均 NO_3-N (mg/L)	野菜ジュース系		トマトジュース系		果実ジュース系		青　汁	
		慣行	有機	慣行	有機	慣行	有機	慣行	有機
1-10	204	1	1			1		4	3
11-20	83	3		4	1	1		1	
21-30	56		1	1		6		1	1
31-40	46			3	1	4			2
41-50	33			4		5			1
51-60	21	2		3		4		1	
61-70	14	1	2	2		5			
71-80	9	2		5	1	1		1	
81-88	5			2	2	2	1		1
計88		9	4	24	5	29	1	8	8

それで、表Ⅱ-2のように一年間に入れた資材中の化学肥料相当の窒素量を計算すると、ヘクタール当たり一二七八キロになる。収量からみて、吸収された養分量に対して窒素で三・四倍、リン酸で十数倍、カリでは四倍にも達しています。これだけ多量の養分を投入していれば、土壌中の養分がどんどん集積していくのは必然です。

窒素を含む有機物資材をたくさん投入すれば、有機物中の蛋白やアミノ酸の窒素が、土壌中で微生物によりアンモニア化成というプロセスでアンモニウムになる。それが硝化菌によって硝酸になる。その硝酸を野菜類は吸収していくわけです。野菜は土壌中に硝酸があれば、どんどん吸収して体の中にプールします。そのプールから生長する部分に硝酸を送っていきます。ですから、特に栄養生長、つまり葉の生い茂る時期には、硝酸があれば野菜はどんどん吸収します。そうすることによって野菜の硝酸濃度がどんどん高まります。

宇都宮大学の関本さんたちが市販のジュース（野菜ジュース、トマトジュース、青汁など）を全部で八八銘柄購入して硝酸含量を分析しました（表Ⅱ-4）。そして、硝酸濃度の高いものから、一位から一〇位ごとに区分けして、その平均の硝酸態窒素濃度を表示しつつ、各順位区分に慣行栽培と有機栽培のジュースがいくつずつ分布したかを表示しました。野菜ジュースでは、合計の点数が違いますが、慣行と有機を比べても分布パターンに違いがなく、有機栽培のものでも相当高いランクのものが結構ある。トマトジュースにしてもしかりです。果実ジュースは、有機栽培の果実が一点しかないので比較できないのですが、青汁にいたっては有機栽培のほうが高いランクのものが多いようです。

全体としてみれば、有機と慣行とで明確な差がない。これは、相当の多肥を行なった有機栽培の野菜からつくられたジュースだろうということが窺えるわけです。そして、関本さんたちは、有機のものではないのですが、トマトジュースについて原産国別に硝酸濃度を分析しました。その結果、日本で生産されたトマトジュースが圧倒的に硝酸濃度が高いことが示されました。イギリス、アメリカ、オーストラリア産のトマトジュースの硝酸濃度は、国産に比べてはるかに低いのです。

結局、経営面積の狭い日本の農家は、できるだけ単収を上げたいので、養分をしっかり投入して単収を上げている、ということの表われだと思います。日本の農業構造ではこうした戦略はしようがないのでしょう。だとしても、問題なのは一作にたくさん養分を投入したなら、次のときには土壌に残ったものを勘案して施用量を控えなければいけません。ところが、それがなされていないわけです。

慣行農法では化学肥料を主体に施肥が行なわれており、各都道府県が施肥基準あるいは施肥標準を出しています。それを見ますと、作物別に目標収量は何トンで、その収量を上げるのにはこれだけの窒素、リン酸、カリを施用しなさい、元肥と追肥にこれだけずつ入れなさいと書いてあるわけです。しかし、最後の備考欄に、土壌診断を行なって診断結果に基づいて施肥量を調整しなさいと書いてあります。ところが、今まで土壌診断を行なう態勢が整備されていなかったので、普通の農家は土壌診断を受けていなかったのです。だから土壌蓄積分を差し引いて施肥を行なっていなかったわけです。毎回新しい土壌で栽培すると、同じ量の肥料を施用していれば、あっという間に養分過剰状態になるわけです。有機農業ですと、有機物からの実際に作物が吸収できる養分の放出量がよくわからないものですから、土壌診断がもっと必要なわけです。土壌診断をせずに非常に集約的な有機農業を続ければ、養分蓄積が加速されてしまいます。

以上は、いわば有機農業や有機栽培の現状についてのイントロダクションです。次は、土壌微生物に関係した話に移ります。

3　なぜ堆肥化するのか

堆肥にまつわる微生物の問題を少しお話ししたいと思います。

「堆肥」「厩肥」「コンポスト」といろいろな用語がありますので、まず用語に簡単に触れておきます。「堆肥」というのは英語で言えばコンポストなのですが、日本語ではカタカナの「コンポスト」が別にあります。これらの用語は「厩肥」から出発しています。家畜小屋でわらなどを敷料として敷き、そこに排泄された糞尿を家畜に踏み込ませ、わらと糞尿の混じったものを堆積して分解させたのが「厩肥」です。敷料を使わないで糞尿だけがドロドロの液体状にたまったものが「スラリー」です。家畜がいない場合には、わらなどの有機物を分解するときに窒素やリン酸が不足しますので、化学肥料などを添加して分解を促進させたものが、「堆肥」つまり「コンポスト」と言われていたわけです。この「堆肥」は各種の植物質の有機物を原料として、それらを好気的に分解させたものです。

今日では堆肥とか厩肥の呼び方を区別しにくくなっており、主成分と副資材の名称を記載して堆肥と呼ぶやり方が一般化しています。たとえば、牛糞オガクズ堆肥などのように堆肥で統一しています。そして、微生物の好気的な分解によって成分的に安定して、施用しても作物に害を起こさないようになったものが「堆肥」です。この「好気的」が非常に重要なポイントです。嫌気的につくった堆肥と称するものがありますが、後から述べますけれども、それは非常に危険きわまりないものです。

次になぜ堆肥化するのか、その意義を説明します。

(1) 窒素飢餓の回避

堆肥化のときには、植物質であれ動物質であれ、有機物の中には微生物の餌として食べやすいものと、食べにくいものと、大きく二つのグループの成分があります。食べやすい有機の炭素化合物がたくさんあると、微生物がそれを食べて爆発的に増殖してきます。微生物が爆発的に増殖していくときには、作物にさまざま障害が起きます。一つが窒素飢餓です。

窒素飢餓とはどういうことか。普通の微生物は、有機の炭素化合物をエネルギー源と栄養源にしています。人間も米やパンといった有機物を食べて、炭素化合物から呼吸によってエネルギーを得ているわけです。窒素はタンパク質や核酸の合成に必要ですが、炭素がいっぱいあって、窒素がわずかしかないものを餌として食べる場合には、与えられた有機物の中の窒素だけでは不足するので、微生物は土壌中にある無機態窒素を横取りしてしまいます。そうすると、作物は窒素不足になり、黄色になって枯れてしまいます。無機態窒素が放出されてくる目安が、窒素の重量と炭素の重量の比率（C／N比といいます）で二〇です。C／N比が二〇以下になれば、土壌に施用しても無機態窒素が素直に出てきて、作物の養分源となる堆肥を確保できます。

それはどういうことか。微生物は増殖するために炭素からエネルギーを得ると同時に、一部の炭素を細胞骨格の合成に使います。同時に蛋白や核酸などを合成するのに窒素を使いますが、アミノ酸などの窒素の多い有機物を食べた場合には、窒素はわずかでいいものですから、余分になった窒素を無機態のアンモニウムとして放出します。これが窒素の無機化です。ところが、デンプンなどが典型ですが、窒素を含んでいない炭素だけの化合物を食べたときには窒素が足りないので、土壌中の無機態窒素を横取りして自分の体をつくる。これが窒素の有機化です。土壌中の無機態窒素がマイナスになる場合は、こうした有機化が起きているわけです。

窒素含量の少ない炭素化合物の多い有機物を微生物に好気的に分解させれば、炭素は微生物のエネルギー源として代謝され、二酸化炭素となって大気に逃げてゆきます。そのため、炭素の量がどんどん減っていきます。窒素は貴重ですから、繰り返し利用されます。そして、相対的に窒素濃度が高まってC／N比が下がり、やがて二〇以下になる。そうなると無機化が起きて、窒素の飢餓が起きなくなる。だからC／N比の高い有機物を直接土壌に施用すれば、窒素飢餓がすぐに起きてしまいます。

(2) ピシウムによる苗立枯れの回避

次はピシウムの害です。

ピシウムは下等なカビで、通常は土壌中で休眠状態の胞子で寝ています。そこに有機物を施用すると、有機物に含まれていた糖が溶け出てくる。そうすると、胞子は一斉に発芽してきます。そして、発芽したての作物の芽の地ぎわ部分に感染し、その部分を犯して細くくびれさせます。このため、芽吹いたばかりの苗が一斉に倒れてしまう。これを「苗立枯れ」といいます。こうしたピシウムによる害が頻発します。これは緑肥、わらや新鮮な牧草の茎葉などを鍬き込んだ直後に爆発的に起きます。

嫌気的につくった堆肥と称するものでも、ピシウムの害が起きます。嫌気的ですと有機物の分解が不徹底です。これは皆さんもおわかりになるでしょう。漬物は乳酸発酵の食品ですね。これでは有機物の分解が不徹底です。有機物の分解が徹底的であれば、人間や牛にとって栄養になる有機物がろくに残っていないわけです。だから人間にとって栄養になる有機物がいっぱい残っています。サイレージもそうです。乳酸発酵では分解が不徹底で、食べやすい有機物がたくさん残ります。それを土壌に施用すれば、土壌中で酸素と触れて、好気的に微生物がそれを食べて爆発的に増えてくるわけです。そのとき、たくさん残っている糖分も溶け出てきて、ピシウムの胞子を一斉に起こしてくれるのです。だから嫌気的につくったと称する「堆肥もどき」を入れた場合にも、ピシウムの害が起きやすいわけです。

(3) 有害物質の害の回避

三番目は、微生物の生成する有害物質による害です。

食べやすい炭素化合物がたくさんある状態で微生物が増殖しますと、微生物がベンゼン環をもったいろいろな有害物質を細胞の外に分泌してきます。健全な根には根毛がたくさん生えていますが、有機物の固まりの中に根の先端が突っ込むと、そこに有害物質がいっぱいたまっているものですから、真っ黒くなって根毛も生えない。こうした害が出てきます。

（4）有害生物の死滅

堆肥化でもう一つ重要なのは、温度を六〇度以上に上げて有害生物を殺すということです。雑草の種子が生き残っていると畑中が雑草だらけになってしまう。ところが、堆肥の温度が五七・一度以上になると、雑草の発芽がピタッとなくなってしまうことが確認されています。

今、特に酪農家の畑では強害帰化雑草がはびこっています。というのは、アメリカなどから輸入された濃厚飼料を牛に食べさせているからです。濃厚飼料のトウモロコシやオオムギの中には雑草の種子がたくさん混入しています。昔だったら牛が食べた糞をきちんと堆肥化していましたが、今は家畜の頭数を増やしたために酪農家は手間がなく、きちんと堆肥化しないケースや、スラリーのまま畑に施用するケースが増えています。牛の体を通っても雑草の種子は生きていますから、雑草がはびこってくる。アメリカではトウモロコシやオオムギをつくるときに除草剤のシマジンを使っていますが、シマジンに耐性の雑草が増えてきて、穀物と一緒に雑草の種も収穫され、はるばる日本に運ばれてくる。これを強害帰化雑草と言っています。

非常にタチの悪い雑草が多く、たとえばイチビは草丈が四メートルぐらいになります。トウモロコシも草丈が二メートルを超えますが、それよりも大きくなって、太陽が当たらなくなり、トウモロコシですらまともに育たず、イチビ畑になってしまいます。変な臭いを出す雑草もありますし、地下茎ではびこる雑草はいったんはびこるとなかなか消えない。タチの悪い雑草が酪農家の畑にはびこっています。

(5) 衛生病害虫の伝播防止

人体に感染する衛生病害虫も堆肥化の熱で死滅します。

しかし、ときどき新聞に、人糞尿を堆肥化したのに寄生虫の卵が生き残っていて、有機の野菜を食べていたら寄生虫が復活したとの記事が出ます。医者も寄生虫をしばらく見ていないものだから、なんの病気かと頭を悩ませたという記事が載っています。

それから、ときどき話題になるのが、クリプトストリジウムという原虫です。これは実際、埼玉県の保育園で子どもたちがすごい下痢と発熱の食中毒症状を起こしました。飲料水の中にその胞子が入り込んだためでした。この原虫は水道水の消毒に使う塩素濃度では死にません。人畜共通の感染病です。糞の始末が悪いと、糞から井戸水や水道水源に飛び込んで、人間の飲み水を経て人間もやられてしまうことが起きかねないということです。埼玉県の例は、汚染源はどこだかわからなかったのですが、井戸水からクリプトストリジウムが検出されたことだけは確実です。

(6) 有機酸の生成や土壌の異常還元による生育障害の防止（水田）

水田にわらなどの新鮮有機物を多量に施用すると、その直後に有機酸が出てきます。畑であれば有機酸はすぐに微生物に分解されて蓄積されませんが、水で空気の流入が制限された酸素不足の水田ですと、有機酸がたまってきます。わらの施用量が増えてくると、イネの生育が悪くなってくる。有機酸の量が多いほどイネの生育が悪い。こういうことが起きてきます。このように有機物を入れると微生物のいろいろなトラブルが生じてきます。

表Ⅱ－5　保全行為規範のコード317「コンポスト化施設の要件」（抜粋）

（NRCS，2001）

1）好気的分解の促進や悪臭防止のために，コンポスト材料を混合する。
2）コンポスト材料の当初のC/N比は25～40とする。
3）窒素含量の高い廃棄物をコンポスト化する場合には，C/N比の高い材料と混合する。
4）通気性を高めるために，必要な場合は増量材を添加する。増量材にはC/N比の高い生物系資材か，非生物系資材を使用する。後者の場合にはコンポスト化終了後に回収する。
5）全コンポスト化過程にわたって水分含量を40～65％に維持する。降水量の多い地域では水分含量が過剰になるのを避けるために施設に覆いを付けることが必要である。
6）病原菌の死滅を目的としてコンポスト化する場合には，堆積物全体での平均温度が55℃以上となる期間を少なくとも5日間継続させる。この温度の継続期間は一次または二次コンポスト化のいずれかで達成するか，両段階での合算でも良い。
7）好気的分解を促進するために，通気性の向上，水分除去，温度管理のために切り返しを行う。切り返しの頻度はコンポスト化方法によって異なる。
8）一次と二次のコンポスト化を行い，テストの結果，悪臭もなく，材料が良く分解して，使用目的に使えるようになり，安全に貯蔵できることが確認されるまで，切り返しを行いながらコンポスト化を行う。

微生物が爆発的に増殖している時期は作物にとって非常に危険な時期です。新鮮な有機物のわらや茎葉を入れて二、三週間以上たち、菌の増殖が終わって減りだしてから、種を播いたり苗を植えつけたりするのが、作物被害を回避する鉄則です。

（7）堆肥化は好気的に

アメリカでは環境保全的な優良農業行為を定めた「保全行為規範」がつくられていて、その中に堆肥化の施設の要件に関するものもあります（表Ⅱ－5）。そこでは、堆肥材料の当初のC／N比は二五～四〇にしろと指示されています。

C／N比が低い、つまり窒素がたくさんあると、堆肥の堆積中にアンモニウムが放出されますが、それがアンモニアになって大気に逃げて臭くなります。だから、悪臭防止のためにも当初はC／N比二〇以上の二五～四〇にしておけ、と指示されています。そして、通気性は確保しろと指示されています。必要な場合には通気をよくするために増量材を入れろと記されています。水分含量は四〇～六五パーセントに維持しろと指示されています。水が少ないと菌は活動しない。水が多すぎれば酸素の進入がブロックされて、酸素不足になる。ほどよいのが四〇～六五パーセントというわけです。それから、病原菌を死滅させるためには、五五度以上の日数を少なくとも五日間は確保しろと指示しています。

4　堆肥の施用量をどのように調節するのか

先ほど、集約的有機農業で有機物を入れすぎて養分過剰が起きていると話しましたが、次に堆肥の施用量をどのように調整したらいいのかに話を移します。

(1)　堆肥からの無機態養分の放出パターン

堆肥施用量の調節は意外にむずかしく、簡単ではありません。基本的には作物は無機態養分を吸収するわけです。化学肥料であれば、最初から成分は無機態ですから、無機態養分量を簡単に計算できます。しかし、有機物の場合には、そう簡単には計算できません。

ただし、カリでは簡単に計算できます。カリウムは、生物体の中で有機化合物と結合して存在しているのではなく、細胞液の中にイオン状態で存在しています。ですから、生物体が死んでしまって細胞膜の機能がなくなれば、カリは水に濡れただけで細胞膜を通過して外に出てきます。だからカリだけは、ほとんど全部がすぐ外に出てきますので、計算が簡単にできます。ところが窒素やリン酸では、いった

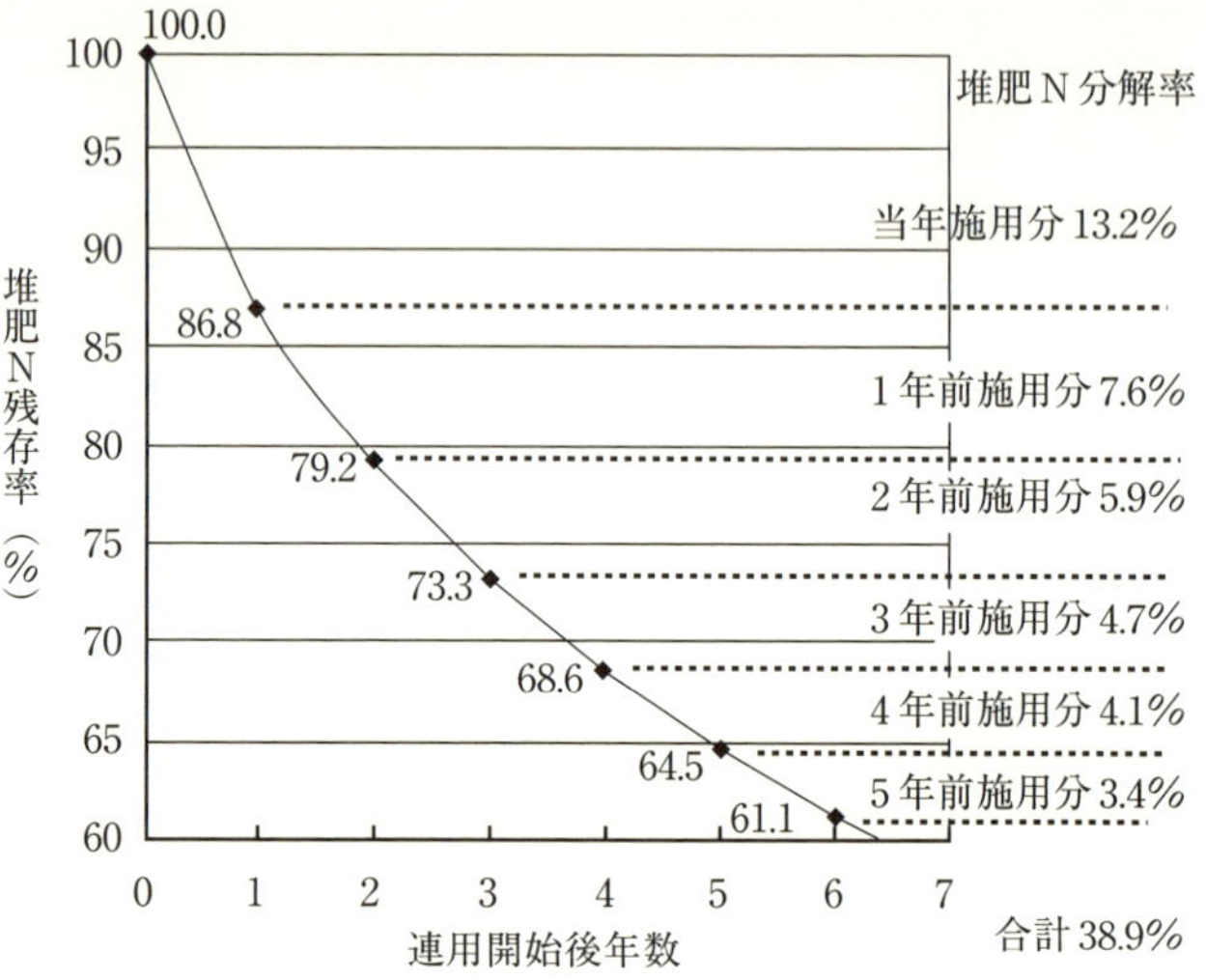

図Ⅱ-2　中熟稲わら堆肥を毎年一定量ずつ施用した場合の残存率と分解率の関係

ん微生物の体を通して出てくるものですから、非常に計算がむずかしい。

わらや堆肥などの有機物資材を連用していると、カリ過剰が起きやすくなります。カリ過剰では、根がマグネシウムやカルシウムを吸収するのをカリが妨害してしまいます。このため、カルシウム欠乏やマグネシウム欠乏が生じて、たとえばトマトで尻腐れ、空洞果など、微量要素欠乏の生理障害が出て、食べられない野菜になってしまう。カリ過剰も怖いものです。

わらや堆肥を連用した場合、一年目に施用したわらや堆肥から出てくる無機態窒素量はほんの一部です。図Ⅱ-2は中熟稲わら堆肥の例ですが、一年目に出てくるのは施用した堆肥の全窒素量のわずか一三パーセントだけです。残りは翌年に持ち越されます。毎年一定量の中熟稲わら堆肥を連用していると、翌年には当年施用分にプラスして、一年前に施用したものから全窒素量の七・六パーセントが放出されてくる。だから足し算すると二年目に一年間に施用した堆肥中の全窒素の約二〇パーセントが無機化してくる。三年目、四年目にはさらに加算されてきます。ですから、六年間連用すると、六年目には一年間に投入した堆肥中の窒素の約三九パ

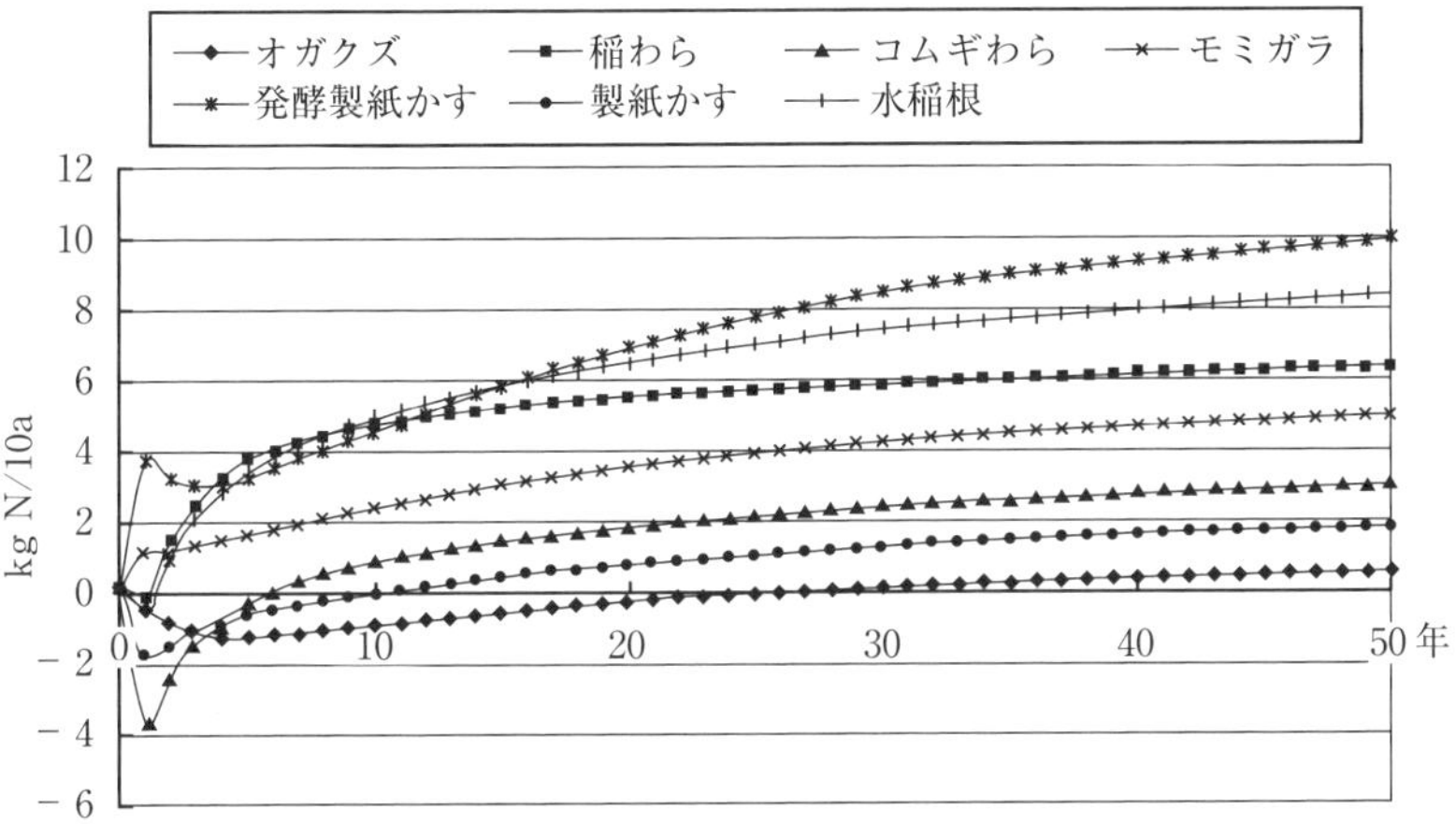

図Ⅱ－3　有機質資材を乾物1t/10aずつ毎年連用したときの無機態窒素放出量の推移（1）

ーセントが出てくる。一年目はたった一三パーセントだったのに、だんだん増えてくる。このように連用していると、同じ有機物を同じ量入れていても、出てくる無機態窒素量がしだいに増えてくるので、調整が非常にむずかしいわけです。

以前に農林水産省の研究所が特別研究で、水田における有機物の分解の予測式を実験データに基づいてつくりました。その分解予測式に基づいて、代表的な有機物資材を連用したときに一年間に放出される無機態窒素量の推移をグラフにしました（図Ⅱ-3、4）。

コムギわらでは、連用を開始してから最初の六年間は無機態窒素の放出量はマイナスになってしまう。その後、プラスに転じて、放出量がしだいに増えてくるわけです。

オガクズはC／N比が二〇〇だとか三〇〇だとか非常に高い資材です。窒素含量がもともと低いので、量的には大した量ではありませんが、マイナスになる期間が二七年も続きます。オガクズを豚や牛の敷料にしているケースが多くあります。「おが屑豚ぷん堆肥」として売られていますが、糞とオガクズとが十分よく接触する形で

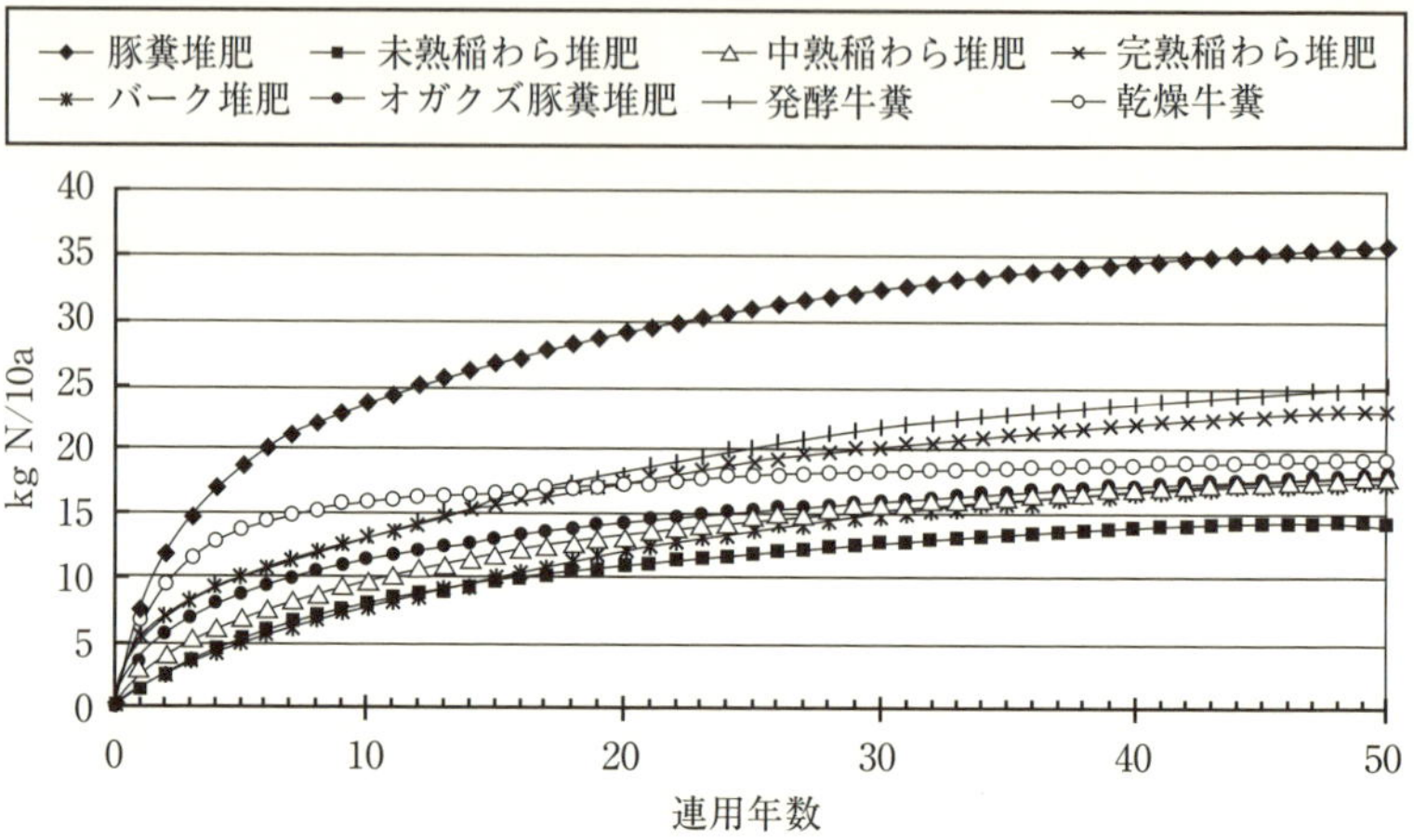

図Ⅱ－4　有機質資材を乾物1t/10aずつ毎年連用したときの無機態窒素放出量の推移（2）

堆肥化されていないと、問題が起きます。土壌に施用してから、土壌の中で堆肥の塊が乾燥して割れ、オガクズの塊がむき出しになると、そうした場所で窒素の有機化が起きます。そうした部位に飛び込んだ根は窒素を全然吸収できないので、枯れてしまいます。オガクズと糞とがよく混合されて堆肥化されていないと、質の低い堆肥になります。

図Ⅱ－4に示した資材のように、きちんと堆肥化したものですと、一年目からマイナスにならずにプラスになって無機態窒素が出てきますので、養分源として使えるわけです。

オガクズを混ぜていない豚糞だけの堆肥では、急速に無機態窒素が放出されてきます。豚糞オガクズ堆肥では、オガクズを混ぜたことによってオガクズの分解に窒素が相当消費されるため、出てくる無機態窒素量が相当減ります。実際に慣行農法の農家が要望している堆肥は牛糞堆肥です。鶏糞堆肥だとか豚糞堆肥を、農家はあまり歓迎していません。といいますのは、無機態窒素を急速に放出してくれるならば、化学肥料で済んでしまいます。

肥効率を用いる有機物施用量の計算方法

堆肥必要量（t/ha）＝必要養分量（kg/ha）×代替率%/100 × 100/肥料成分含有率%× 100/肥効率%× 1/1000

慣行農法で農家が欲しいのは、元肥の化学肥料がなくなって、生育の後期にゆっくりと窒素を出してくれる堆肥が欲しいわけです。それは牛糞堆肥です。だから統計でよく調べてみると、耕種農家が使った堆肥の七〇パーセントぐらいは牛糞堆肥です。豚糞堆肥や鶏糞堆肥を、ほとんどの農家は買っていません。しかし、化学肥料を使わないで早く作物に窒素を効かせたいということになると、豚糞堆肥や鶏糞堆肥が便利です。このため、園芸店などでは家庭用の園芸肥料として豚糞堆肥や鶏糞堆肥がよく売られているわけです。

(2) 肥効率を用いる計算方法

有機物の施用量の一番簡便な計算方法は、肥効率を用いる方法です。これは、慣行農法の施肥基準をベースにして、施肥基準に記載されている化学肥料の窒素量の何割を堆肥に置き換えるかをまず設定します。家畜糞堆肥の全窒素量が化学肥料と比較してどれだけの肥料効果を有しているか、という一般的な数値が整理されています。それを表Ⅱ-3に示しました（五九ページ）。

牛糞、乾燥牛糞、牛糞堆肥ですと、全窒素の三〇パーセントが化学肥料相当の肥効を示します。リン酸は六〇パーセント、カリは九〇パーセントという数値がありますので、この肥効率の係数を用いて計算するやり方があります。肥効率については、最近になって千葉県の農業試験場が新しく整理した値もあります。具体的には上の計算式で計算します。この式で窒素からの堆肥必要量を計算します。

分解予測式を用いる有機物施用量の計算方法

$$蓄積率\ Yt = a \times 0.01 \times \frac{1-0.01^{t}}{1-0.01} + c \times 0.63 \times \frac{1-0.63^{t}}{1-0.63} + f \times 0.955 \times \frac{1-0.995^{t}}{1-0.995}$$

放出率＝1－Yt

t＝連用年数

a＋c＋f＝1

a，c，f＝施用した有機物資材中の分解速度の異なる画分の割合

次に、その堆肥量中の化学肥料相当のリン酸とカリの量を計算し、その量を施肥基準にあるリン酸やカリの施用量から差し引きます。窒素だけで量を調整しても、カリやリン酸の堆肥からの持込み分を差し引かないと、リンやカリの過剰が起きてしまうということです。

これは、慣行の施肥基準をベースに考える方法です。ところが、肥効率というのは、連用しているとどんどん窒素の無機化率が高まってくることからすると、一定のはずがありません。連用とともに肥効率が高まってくるはずです。だから肥効率だけの計算では、長期間連用した場合には誤差が大きくなります。

(3) 分解予測式を用いる計算方法

肥効率を用いた計算は、分解残渣からの無機態窒素の放出率を考慮していない。それでは、どうしたらよいのかということになります。

農林水産省の特別研究では、水田での有機物資材連用にともなう炭素と窒素の無機化を実験しました。ガラス繊維でできた濾紙で円筒をつくり、その中に有機物を混ぜ込んだ土壌を詰める。これを土壌の中に埋設し、定期的に取り出して、その中の全窒素と全炭素の含量を五年間にわたって分析します。その実際に減った量を上に示した計算式に当てはめて、a、c、fという係数を求めます。こういう面倒くさい式に当てはめて、代表的な有機物資材の

係数が求められています。

今は筑波に移転しましたが、昔は農林水産省の農事試験場という研究所が埼玉県の鴻巣市にありました。そこの田んぼで堆肥を六〇年以上にわたって連用した土壌があり、その古いサンプルが保存されていたので、それを分析してみると、堆肥の連用にともなう土壌中の全炭素と全窒素量が、実測値と予測値で非常によく一致することが確認されています。この式を用いて五〇年間にわたって有機物を連用したら無機態窒素の放出がどうなるかというのを示したのが、図Ⅱ-3と図Ⅱ-4のグラフだったわけです。

この分解予測式から得られる、連用にともなう有機物資材からの無機態窒素の放出経過を用いて、有機農業での失敗のいくつかが説明できます。

たとえば、先ほどの「福岡自然農法」がそうですが、わらを一生懸命施用していても、特にコムギわらでは最初の六年間、無機態窒素が出てこない。そういうときには窒素飢餓で作物がまともにできないわけです。わらを二五年間も連用して、やっと無機態窒素がヘクタール当たりイネで五・一キロ、ムギで二・五キロ出てくるようになるわけです。これだけなら、収量レベルは非常に低いわけです。だから他の資材を補っていかなければならないということになります。

また、窒素含量の高い堆肥を同量ずつ施用していると、無機態窒素の放出が年とともに急激に上がって、あっという間に窒素過多になってしまう。有機物資材の分解は、最終的には、一年間に投入した有機物中の全窒素が一年間に全部無機態窒素で放出されてくる量で平衡状態に達します。平衡状態に達するまでの年数は資材によって違いますが、一〇〇年とか一五〇年とかかかります。無機態窒素の放出量は、それまでゆっくり上がっていきます。窒素の放出量が少ないうちは失敗することが多いわけです。

同じ有機物を連用していて、有機物資材からの窒素の年間放出量をあるレベルでピタリと一定にさせたいというのも、先ほどの予測式から計算できます。たとえば、全窒素含量一パーセントの豚糞オガクズ堆肥を連用して、毎年ヘクタール八〇キロの無機態窒素を放出させたい場合を計算します。まず、最初の年は多めにヘクタール二〇トンを施用したとします。そしたら二年目からだんだん量を減らしていかなければいけない。そうすれば、無機態窒素の放出量を年間八〇キロに揃えるといったことも、計算上はできます。

ところが、この計算が実際と合った経験があるかといえば、ありません。研究成果を公表した時代は、パソコンがあまり普及していなかったものですから、電卓で計算するのをいやがって、研究成果が普及しなかった。それで、この成果がきちんと農家レベルまで普及するようになっていないのです。今、私は一生懸命、パソコンで簡単に計算できるようにソフトをいじくり回しています。しかし、そうしたソフトができたとしても、今度は農家が使う堆肥は年によって材料も違えば出来具合も違う。全窒素含量や水分含量のデータをもっていないと、きちんと計算できないという問題も出てくるわけで、結構きつい問題です。

5　作物による有機物の直接吸収の可能性

(1) 進化の歴史と有機物の直接吸収

最後に、作物は有機物を直接吸収しているのかというお話をしたいと思います。日本有機農業研究会の『土と健康』を見ると、東大名誉教授の熊澤先生が講演をなさっていますね。熊澤先生が現役のときに、熊澤先生の研究室の森さんや西澤さんがこの問題にチャレンジしました。

熊澤先生もご講演で説明されていましたが、植物の細胞は細胞膜の外側に固い細胞壁をもっています。細胞壁には結構大きい穴が開いています。たとえばヘモグロビンという巨大なタンパク質の分子も、穴を通っていきます。実験では、細胞壁を溶かして取り除き、細胞膜をむき出しにしたプロトプラストという細胞を使っています。そこに分子量六万五〇〇〇の巨大なヘモグロビンをくっつけます。そうすると細胞膜がヘモグロビンを包みながら内側にくびれ込んでいきます。そして、表面の細胞膜の位置で、内側にくびれ込んだ部分が切断されて、細胞膜がつながるわけです。それで膜に包まれて細胞の中に取り込まれたヘモグロビンは、細胞の中で分解酵素によってアミノ酸に分解されてから吸収されていきます。このように植物細胞が直接蛋白質を取り込むことを、西澤さんたちが証明したわけです。これはアメーバーと全く同じです。

植物細胞が有機物を直接取り込むことに、びっくりするかもしれませんが、進化の歴史を考えてください。というのは、最初に地球上に誕生した原始生命体は、全部有機物を食べていた細菌です。有機物を食べてエネルギーと栄養を確保する生活様式を有機栄養（従属栄養、ヘテロトローフ）といいます。有機栄養細菌が出現すると、化学的に有機物が合成される速度よりも早く有機物を消費したので、有機物のストックが激減して、生命体は存続の危機を迎えました。この危機を救ったのが、有機物を食べていた細菌から、無機物の酸化や光合成を行なってエネルギーを獲得して無機物だけで生活できる細菌の出現でした。無機物だけで増殖できる生活様式を無機栄養（独立栄養、オートトローフ）といいますが、無機栄養の細菌によって有機物が合成され、有機物のストックが増えたので、有機栄養細菌も生き残ることができました。

細菌からやがて植物が進化してきましたが、有機物を食べる有機栄養の系の上に光合成の無機栄養の系が積み重なってできたのが植物です。

だから、光合成を行なえない状況に追い込まれれば、植物細胞も有機物を使って増殖する能力を当然発揮します。たとえば今、バイオテクノロジーで、植物細胞の細胞壁をとったプロトプラストというものをフラスコの中で増殖させています。光の当たらない条件で培養するときには、培地の中にアミノ酸やブドウ糖をたっぷり入れて植物細胞を増殖させています。このように植物細胞はもともと有機栄養を行なうことができます。だから、植物が有機物を吸収できること自体はびっくりする話ではありません。

植物が有機栄養だけをしていたら地球上に有機物がなくなってしまいます。われわれ有機物を食べている人間は、光合成を営む生物（今では植物が主体ですが）がいることによって生きていられるわけです。植物は、光や温度条件が十分で、光合成を活発にできれば、有機物がなくても無機物だけで増殖できます。

ただ、そういうことが不十分にしかできない場合に、まわりに有機物があれば、その有機物を使う生活パターンを同時に行なうことが起こりうるわけです。その例を紹介します。

(2) 実例—有機物を使う生活パターン

北極圏の湿地に生えているスゲ属の植物

一つはアラスカの北極圏の湿地に生えているスゲ属の植物です。

水が張った湿地で、寒いから有機物の分解が非常に遅いわけです。こうした環境では、微生物が有機物を分解してできたアミノ酸などが土壌中にたまっています。温度も高く、微生物が活発なら、アミノ酸は微生物に食べられてなくなってしまいます。温度が低く、水が張った土壌には、アミノ酸が結構存在します。そうした環境のスゲ属の植物は、アミノ酸を吸収するように適応している。オオムギとスゲ属植物とで、硝酸、アンモニウムとアミノ酸を窒素源として与えたときの生育を比較すると、オオムギは硝酸のときの生育がよいが、スゲ属の植物はアミノ酸のほうがよいという結果が得られています。

ビタミンB_1で生育促進される植物

ビタミンB_1、つまりアリナミンの主成分ですが、これを添加すると、すごく生育の促進される植物があります。たとえば、ジンチョウゲで三・二七倍、ツバキで三・六倍など。ただし、これはものすごくやせた砂や畑の土で栽培した場合です。こういった生育促進がある植物を見ると、花木類が多いようです。それらは元来、落葉が堆積して腐葉土が多い土壌で育った植物なのです。そういう落葉のような、微生物の餌になる有機物が多い土壌では、微生物が有機物を食べてビタミンやアミノ酸を合成し、体の外に分泌しています。土壌中のビタミンの主たるソースは微生物菌体です。

そのようなビタミンの多い土壌で長い間生育した植物は、自分でもビタミンを合成する能力をもっているけれど、まわりのビタミンを吸収して自分の合成能力をちょっと眠らせているケースがあるのだろうと思います。畑で育つムギや野菜類の多くは、ビタミンB_1を添加しても生育促進がありません。作物自体のビタミン合成能が高いから、添加したって効果がないわけです。

冷害年の水稲

次に、熊澤先生のところで森さんたちが水稲で行なった実験を紹介します。

水田は水を張った土壌なので、有機物が結構たまっています。森さんたちは水稲でアミノ酸を添加すると効果のあるケースがあることを認めました。つまり、アルギニンというアミノ酸を添加すると、硝酸やアンモニウムの場合よりも、冷害の年に生育促進効果が見られたのです。平年の気象条件ですと差がほとんどない。ところが冷害の年には、アルギニン添加で生育や収量がよくなってくる。森さんは次のように解釈しています。

イネは、平年の気象条件でお日様がきちんと当たって温度もそれなりにあれば、光合成を活発に行ない、無機態窒素だけで十分生育して、必要な有機成分を全部合成していける。ところが、光合成が十分行なえない年にも、葉で合成した光合成産物を根に送らなければいけないわけで、地上部の生育がその分ダウンする。そういう年でも、根がアミノ酸を吸収できれば、アミノ酸から根が必要な成分を直接合成できる。だから地上部から根に転流させる有機物が少なくて済み、その分地上部の合成が減らないで済む、と解釈しています。

土壌中の蛋白質様物質の直接吸収

神戸大学に移られた阿江さんたちの仕事を紹介します。

油かすを多量に土壌に施用すると、土壌中に八〇〇〇ダルトンという分子量の大きい蛋白様の物質が蓄積してきますが、秋冬野菜のなかにはその蛋白様の高分子物質を直接吸収しているものがあることを認めています。

たとえばニンジン、チンゲンサイ、ホウレンソウは、化学肥料の硫安で栽培するよりも、油かすで栽培したほうが生育がよい。これらの野菜が、土壌中にたまっている結構高分子の蛋白様物質を直接吸収していることを、阿江さんたちは証明しています。つまり、土壌に存在した高分子の蛋白様成分が、チンゲンサイなどの導管の中に吸収されて存在していることを証明しています。

秋冬野菜というのは、温度が低いときに育ってくるわけです。温度が高ければ分解されてすぐになくなってしまうが、低温時には土壌微生物の活性が低く、土壌中で蛋白様物質が蓄積しやすい。温度が低いときに育ってくる秋冬野菜なら、それを吸収して利用するように適応していることが考えられるわけです。

蛋白様物質は何か。山口大学の学長をされている丸本さんが若いときに報告しています。微生物菌体が死ぬと菌体も分解されるが、微生物の細胞壁は分解しにくくて最後まで残る。その中のアミノ酸は何か。面倒くさい話ですが、光学異性体というのがあって、アミノ酸にはD型とL型があります。われわれが食べているのはL型アミノ酸で、人間はD型アミノ酸を消化できません。そのD型アミノ酸を主成分とした蛋白質が土壌中に残っていることを、丸本さんが認めていました。

阿江さんは、それが彼の言っている蛋白様の物質の本体ではないだろうかと推測しています。この蛋白様物質は土壌中では鉄やアルミニウムと結合して難溶化されて蓄積している。上記の野菜の根は鉄やアルミニウムとの結合を切って蛋白様物質を解放し、直接吸収する。そして、作物体内で酵素によって分解して、窒素源にしていると推定しています。

有機物の直接吸収は限定的

こうした事例から、基本的に植物は有機物なしで無機物だけで生育できるけれども、ある種の条件、たとえば光合成がなんらかの理由で低下した場合、必要な有機成分の合成能力が低下した場合、外部から十分量が供給されて自分で合成する必要のない場合、あるいは有機性成分の蓄積している環境でもともと進化してきた植物をそうでない条件で無理矢理栽培したようなときには、有機物の直接吸収によって植物の生育が促進されることは、大いに考えられるわけです。有機栽培では、いくつかの作物や条件で、こうした可能性は当然考えられます。しかしそれが、有機農産物の品質にどれだけプラスになるのかということは、私にはわかりません。そこまでのデータを調べていません。

有機栽培の微生物問題として、VA菌根菌にも論及しなければなりません。これは下等なカビで、土壌中に存在する低濃度の水に溶けるリン酸を非常に効率よく吸収して、それを植物に供給する。植物からは糖やアミノ酸をいただいて共生関係を営んでいます。VA菌根菌とはちょっと古い言い方で、今はAM菌と呼んでいます。VA菌根菌はほとんどの植物の根に共生します。土壌中のリン酸濃度が高くなると自然に消えてしまいます。有機栽培でリン酸が不足しているような条件なら、このVA菌根菌が相当程度増えているはずです。VA菌根菌が感染しても、根の形態は全然変化しないので、見た目にはわかりません。

キノコ類は外生菌根菌と呼ばれています。これが根に共生すると、根の形態は大きく変わってしまいます。たとえばマツの根は、もともと糸状ですが、感染を受けると親指のようにずんぐりむっくりになってしまいます。根の表面に菌糸がとぐろをまいていて、土壌中に何メートルにもわたって伸びて、菌糸が根の代わりに養分や水を根っこに運んでくれるので、特にリン酸を効率的に集めて樹木に供給します。

マツはやせ地でも生えることができます。マツタケが採れなくなった原因はいろいろありますが、人間がマツ林を生活に必要としなくなったことが遠因です。昔だったらマキを得るとか、マツの落ち葉を掻き出して堆肥材料にするとか、松林を常に管理していて、養分的には松林は常にやせた条件に置かれていたわけです。だから、外生菌根菌のマツタケ菌が一生懸命繁殖して、マツを支えていたわけで、マツタケがたくさん採れたのです。

ところが、今は誰もマツ林を管理しないから、落葉がいっぱい堆積して、土壌が養分的に豊かになってきたわけです。マツタケ菌は自然に消滅して、日本ではマツタケがろくに採れない。マツ枯れでひどい状態だからますます採れない。それで世界中からマツタケを買っています。途上国の田舎に、思わぬマツタケラッシュを起こして、地域経済に貢献しているという側面はありますが、日本のマツ林はどうなるのでしょうか。タケ藪になったところもありますし、どんどん姿が変わっています。

日本の農業はかつて落葉を掻き出して、実質的に有機農業を行ない、マツ林という景観をつくり、里山も維持していたわけです。化学肥料やプロパンガスが普及して、マツ林や里山が放棄され、荒れてきている。農業のありようと国土の姿は強く結びついています。そういうなかで有機農業が、里山を管理し、落葉堆肥をどう利用していくのか、地域の景観も変える潜在能力をもっているわけです。けれども、それには人手がものすごくかかります。それをどういうふうにやっていくのか。有機農業をやっている人だけに任せるのは無理で、ボランティアで協力する人がいても、たまの肉体労働は健康にいいかもしれないけれど、毎日やるのではしんどいわけです。

ＥＵでは有機農業に転換した最初の五年間に政府が補助金を出しています。それは、高付加価値農産物をつくっているからではありません。高付加価値農産物をつくるのなら、市場で高い金で売って、コストを回収できるはずです。そんなものに補助金を出す必要はない。理屈のうえでは環境を保全してくれている。環境という公共財を保全するために、有機農業をきちんとやってくれるならお金を出しましょうというわけです。

これはＷＴＯの農業協定でも認められている環境保全目的の補助金として出しているわけです。だから私とすれば、有機農業が先ほど述べたような集約的な有機栽培を行ない、土壌に養分を蓄積して硝酸を垂れ流すのではなく、きちんとした土壌管理のもとに環境保全的に行なわれ、それに政府が補助金を出すような仕組みが日本につくられていくことを期待しているわけです。

長々となりましたが、以上で私の話は終わりにします。

《質疑応答から》

有機栄養、硝酸、シュウ酸をめぐって

質問者1　広島から来ました。大豆をつくっております。

先ほどの話で、光合成が不足するときに有機栄養が起きているとありました。今年の場合、九月の日照不足で大豆の太りが悪いわけです。そういうときにも、先ほどの有機栄養のことは考えられるでしょうか。これが、まず一つ目です。

二つ目は、硝酸態窒素の怖さをひしひしと感じたのですが、硝酸態窒素を含んでいる野菜と、含んでいるが量の少ない野菜の見分け方というのを、先生の立場から何か提案していただければということ。

三つ目は、ホウレンソウにアミノ酸をやるとシュウ酸が少ないのではないかということで、実際にやっている農家がありますが、これをどのように先生は評価されますか。

そして最後に、有機農産物と慣行農産物の見分け方を、先生から何か提案していただけませんでしょうか。

西尾　最初の大豆の件では、もう一つ気になるのが、雨が多いので湿害が起きていないかという点です。ダイズの根は、根粒があるために多量の酸素を必要とします。このことがあるので、いきなり有機栄養につながるか、私は疑問です。

二番目の硝酸の含量ですね。実はある化学薬品メーカーが、硝酸があると色を発する薬を染み込ませたバンドエイド状のテープを開発しています。これは、植物の茎に貼りつけ、一晩たって剥がして、その色で硝酸含量の目安をだいたいつけられるというものです。茎や葉をいちいちすりつぶさなくてもよいのです。いつ発売するのかまだ聞いていませんが、こうした簡便なものが近々出てくるはずです。

一般的にいえば、硝酸含量の高い葉は緑が濃いのです。だから、テレビのコマーシャルで、おっかないおじさんが「おー苦ぇー」といっていますね。苦ぇものでなぜ金儲けができるのかと思いますが……、青汁ですね。緑の濃い青汁は、どんな植物を使っているかにもよりますが、一般的にいえば硝酸が高い可能性があります。私はあれを飲みたくないなと思います。しかし黄色い青汁なんて、これもイメージが悪くて誰も飲まないでしょう。緑があまり濃いものは、硝酸含量が高いというのが一般的な話ですね。

三番目はホウレンソウですね。低水分状態で栽培したホウレンソウはシュウ酸含量が低いということは、実験的に証明されています。ただし、アミノ酸を施用したらシュウ酸が少なくなるということを、私は知りません。

水分含量を低くしますと、どの植物も共通して体内の糖濃度が上がってきます。それは先ほど説明した浸透圧に関係しています。土壌中の水分含量が低いと、土壌中の水が小さい孔や土壌粒子表面に強い力で保持されています。大きい孔に弱い力で保持された水はもうないわけです。そうすると、強い力で保持されている水を根が吸収するためには、自分の根中の浸透圧を高くしなければいけないわけです。

土壌よりも浸透圧を高くすれば、浸透圧の低いほうから高いほうへ水は移動します。それで体内の浸透圧を高めるために、今まで光合成産物を水に溶けにくいデンプンで貯めていたけれども、デンプンで貯めたのでは体内の浸透圧が高まりません。そこで、ブドウ糖や果糖など水に溶けやすい糖でとめて、自分の体内の浸透圧を高めるようになります。ですから日照りの年には、果物が甘くておいしい。これは植物に共通しています。

野菜にしてもそうです。緑健農法が原産地主義といって、トマトの原産地は水が少なく雨の少ないところだから、原産地に合わせた気象条件で栽培するのがよいと言っていますが、そんなことを言わないでもいいのです。

以上の理由から、水を少なくすると、植物の生理的なメカニズムによって代謝が変わってきます。私には細かい植物生理学的なプロセスはよくわかりませんが、そういうなかでシュウ酸の蓄積濃度も減ってくるようです。

有機農産物と慣行農産物は見分けられるか

四番目は品質の問題ですね。有機農産物と慣行農産物を見分けることは絶対無理だと思います。

確かにきちんと比較できる研究所レベルでの研究で、たとえば有機のほうがビタミンC含量が高い、糖度が高いといった研究はあります。それから最近、普通の窒素は原子量が14ですが、15のものが一部あって、14と15の窒素原子の存在比の違いによって、有機栽培と慣行栽培の農産物の違いを検出できるという研究報告があります。

しかしそれは、きちんとした条件で比較をした場合に検出できる程度の差です。先ほど言ったように、有機栽培の方法はさまざまです。そういうものが混ぜこぜになった総体としての有機農産物の質が、慣行のものと差があるかといったら、私はないと思います。

この点についておもしろい逸話があります。農水省が出している『ＡＦＦ』（アフ）という雑誌に、某大学の先生が、兵庫県産の有機農産物と慣行農産物の成分の比較のデータを出して、有機農産物が品質的によいとの記事を出されました。筑波にある農業研究機構の理事長の三輪さんが、兵庫県の農業総合センターがデータを出したというので、そちらに問い合わせたら、兵庫県が分析を依頼されたのは有機農産物だけで、慣行農産物のデータは知らないとの返事がきたそうです。では、どこから出てきたデータかというと、それはわからないとのことでした。

それで三輪さんは、彼の研究所の土壌肥料の研究者を二人呼びまして、一人には慣行栽培のほうが品質的によいという視点にたって、もう一人には有機栽培のほうが品質的によいという視点にたって、それを証明するようなデータを見つけてくるように依頼しました。二人ともそれぞれの視点に合うデータを揃えてきました。しかし、よくよく見たら、二人とも同じ研究論文を使って、違った結論を導いていたのです。

なぜかというと、農業試験場で比較実験を行なったのですが、年によって、あるいは同じ年でもサンプリングの時期によって、有機農産物と慣行農産物との品質面の順位が違っていました。それで、都合のよいところだけとってくると、双方が「俺のほうがよい」というデータセットを組むことができたわけです。こういうことを、三輪さんがある雑誌に書かれています。いろいろな栽培条件でつくられた多数のロットが集まり、多様なものが混じり込んできたら、結局は区別できなくなると思います。

ただ原理的には、集約的な多肥でなく、先ほど言った節水で少肥の有機栽培をきちんと行なえば、糖度が高く、ビタミンC含量も高い、組織的にもすぐ腐らないものをつくることができるということを、東大の森さんが提示しています。そういう有機の基本に立っているものが主流ならばよいのですが、今の日本の有機農業の実態からすれば、一般論としてはいえないだろうと思います。

質問者1　堆肥でつくった有機のものは、化学肥料だけでつくったものと比べた場合、根の張りがよいと思えるのです。それを、同じようにビニール袋にタマネギならタマネギを入れたときに、腐るまでの時間がかかる。有機栽培のタマネギだったら、だいたい最低四か月ぐらいは腐らないけれど、化学肥料だけでつくったものは早く腐るという違いがあるような気がします。これはどのように考えたらいいのでしょうか。

西尾　タマネギでの具体的な例を、私はよく知りません。しかし、根張りがよいという話から始めますと、作物は水が多ければろくに根を張らないわけです。根を張らなくても水を容易に吸えるからです。根張りがよいということは通常、水が乏しいということです。先ほど説明したように、有機物を施用していると土壌が団粒化してきます。団粒化してくると、水はけがよいと同時に、水持ちもよくなるという矛盾したことが、同時に成立します。

つまり、団粒ができると、大きい孔で水はけがよくなる。しかし小さい孔も増えてくるので、そこで水持ちがよくなってくる。そうすると雨が降っても大半の水は大きい孔で排水され、小さい孔には強い力で保持されて水が残っている。それを植物は吸わなければなりません。そのため、根をあちこちにいっぱい伸ばさなければならない。それに、浸透圧を高めなければならない。浸透圧を高めるということは、先ほど言ったように、植物の体の中の糖濃度が上がっていることですね。

森さんの整理によりますと、たとえばトマトでは収穫後に酵素が勝手に動き出して組織がだんだん分解していくのですが、糖濃度が高まってくると遊離の糖が増えます。組織の自己分解の際に、酵素が余分にある遊離の糖から分解していく。その結果、組織そのものの崩壊が遅れるということを言っています。だから、もしもそのタマネギの糖濃度が高くなっていれば、森さんが言うようなことで説明できるのかもしれません。

嫌気性菌が悪いか、「堆肥もどき」がよくないか

質問者2　先ほど先生は嫌気性の菌は危険だというようなお話をされましたが、全くそんなことはありません。（以下嫌気性菌の紹介）

西尾　嫌気性の菌が悪いと申し上げたのではありません。嫌気的につくった「堆肥もどき」が困るといっているのです。先ほども申し上げたように、食

べやすい有機成分がいっぱい残っていて、それが土壌に施用された後、好気的な状況にさらされれば、菌の爆発的な増殖を促すからです。だから、嫌気的な条件でつくった「堆肥もどき」をいきなり土壌に施用するのは危険だと申し上げたのです。嫌気性菌が全部悪いということはいっていません。そこは誤解しないでください。

質問者2　嫌気的に堆肥はできます。

西尾　いや、それは堆肥ではないのです。現実には、その後、ボカシ肥などに加工しているのですね。ボカシ肥に加工するプロセスでは空気にさらして、そこで二次的で好気的な分解を行なっているわけです。その段階で嫌気的な第一次段階での危ない成分をかなり減らしているわけです。だから嫌気だけで処理したものと、そのあとボカシ肥で好気をプラスしたものとでは、また話が違ってきます。

本当に嫌気だけのものでやっているのですか。

質問者2　今、土の中で堆肥ができる技術があります。

西尾　土の中でつくるのだったら、その間、その土で作物を作付けできないわけです。

質問者2　水田の中でも、稲わらでも籾がらでも、堆肥ができます。

西尾　それは堆肥と言えません。微生物分解させているだけの話です。堆肥というのは、堆肥として圃場の外でつくられたものをいうわけです。それを肥料としてわれわれが土壌に施用して使えるから、堆肥としてわざわざ区別する必要があるわけです。

落葉堆肥などの肥効率はないか

質問者3　肥効率を用いる計算法が示されていますが、できれば植物性のものだけを使いたいと思っています。それに対する計算法とか元データ、特に落葉の肥効率はありますか。また、もし計算法がなければ、微生物を増やすために植物性のものだけでやりたい場合、何かよい方法はありますでしょうか。

西尾　植物性の堆肥の肥効率は、実は整理されていません。まして落葉になってきますと、ほとんどデータはありません。

質問者3　微生物を増やす、うまいやり方はないでしょうか。

西尾　植物質の有機物を施用すれば、微生物は増えます。危険な微生物も含めて。要はC／N比が非常に高いもの、つまり植物質のものだけを入れれば、微生物は増えますが、微生物が窒素やリン酸を全部かかえこんでいますから、植物が増える状態になるにはだいぶ時間がかかります。

堆肥化過程の温度による微生物相の変化

質問者4　今の話題に関連してですが、お話にあった「高温による有害生物の死滅」で五七・一度とあります。堆肥はやがて熱をもって、高温になりますよね。好気性菌による熱ということですか。つまり、その後、好気性菌は温度によってどうなるかと、疑問に思ったのですけれども。

西尾　堆肥化過程で、微生物のなかで高温に耐性なものが徐々に増えてきます。最初は温度耐性のない微生物が主体です。

自然界には、たとえばバチルス属の枯草菌と呼ばれる細菌が存在しています。それが、わらや土壌に付着しています。バチルス属の細菌の胞子は一〇〇度でも死にません。植物の材料が堆肥化されると、最初は温度が低いのですが、呼吸によって有機物が分解されていくときに、熱が発生してきます。熱が堆肥の山の中にこもって温度がだんだん高くなっていきます。そういった高温に耐性な菌が、堆肥化にともなってしだいに増えてくるわけです。

だから時間はかかるけれども、温度耐性のない菌から温度耐性のある菌へと、変化が自然に起きます。そして、食べやすい有機物がなくなれば、微生物の増殖が終わり、今度は温度が下がってきます。そうすると、温度耐性のない普通の菌もまた増えてくる。

ボカシ肥は、あまり時間をおかないで短期間でつくります。そのときには普通、温度耐性のない菌を接種しています。そうした菌は温度が五〇度以上になるとたいてい死んでしまいます。そのため、毎日のように切り返しをして、酸素を入れると同時に温度を冷やします。堆肥化は、もっと時間をかけますから、自然にそういう菌の変化が起きているということです。

質問者4　高温に耐性な菌は、みんな有効菌とみていいのですか。

西尾　有効菌とは、どういう意味で有効菌ですか。

質問者4　そうですね、ここでいう病原菌を意味しているのではないですか。有害生物とありますが、これは微生物も含んだものと考えているのですが。

西尾　植物に有害な病原菌として耐熱性の菌が出ていないからいいのですが、耐熱性の遺伝子が植物病原菌に移ると怖いですね。そういうものが出現しないとはいいきれないわけです。

たとえば、嫌気性の破傷風菌、クロストリジウム・テタニは、耐熱性をもっていて、一〇〇度でも死にません。普通の土壌ではそんなにたくさんいませんが、万が一、そういう耐熱遺伝子が植物病原菌に移って、堆肥化プロセスでたくさん生き残るとなると、耐熱性だから絶対大丈夫だというふうに直結させるのは怖いと思います。ただし、われわれの体に病気を起こすような菌の多くは耐熱性をほとんどもっていませんから、高温を発することによってそれらが死んでしまうということです。

生育前歴をどう評価するか

質問者5　栃木で農業をしています。

先生はちょっと否定的な感じでお話しされましたけれど、有機物が生育不良環境においてよく吸収されるということは非常によいデータだと思います。豊作のときは、どんなつくり方をしてもできます。非常に天候不順の年、たとえば冷害年で一俵、二俵しか穫れないときに、有機栽培でいかに平年作近くにもっていくかということが重要なのです。その点で、生育不良の環境において有機物が積極的に吸収されるというデータは大変よいと思います。

もう一つよいと思ったデータは、アラスカのスゲがオオムギよりも有機物をよく吸収するというもの。野生環境にあるものは、吸収する能力が違うということも言っているのではないかと思います。

それから、作物にも個性、つまり有機物を吸収する力をつけるような育ち方をするか、ひ弱に育つかの違いがあり、その育ち方によって、かなりデータに差が出てくるのではないかと思うのです。こういう実験は、どのような生育前歴で行なったのですか。稲を育てるときにも、いろんな野菜の苗でも、化学肥料で育ったものをいきなり有機物の畑に入れた場合には、かなり生育障害が出ると思います。ところが、最初から有機状態で育て、その訓練をしたものは障害が少ない。私は稲を育ててそう思います。その生育前歴のことはどうなのでしょう。

西尾　そういう前歴があるという話を、私は全然聞いたことがないので、知りません。ただし、昔、DNAが遺伝の本体であるという見解が確立される前の時代ですが、ソ連では遺伝は環境条件によって大きく変わりうるという考えが強くありました。秋まきコムギの種子を一定期間低温にさらすと春まきコムギに転化できることから、ルイセンコを中心に、環境によって遺伝そのものが大きく変わりうるという考えがソ連で支配的になりました。しかしその後、DNAが遺伝情報を受け継いでいるという見解が確立されて、そうした考えは今日では否定されています。もしも前歴が植物の遺伝までも変えるというのであれば、それは誤りです。

しかし、養分や水分レベルが違えば、苗の根張り状況も大きく変わってきます。肥料と水をたっぷり与えて根張りの乏しい野菜苗を、養分が乏しく、団粒が発達して水が強い力で土壌に保持されている有機の畑に移植したら、萎れてしまうでしょう。そうした意味では前歴は当然影響します。私が示した実験例は、発芽段階から有機と慣行の条件で別々に栽培したものです。

（二〇〇四年十一月六日　於・国民生活センター）

Ⅲ 有機農業のための育種と採種の体系

生井 兵治

1　考え方の基礎

ここでまずお話ししたいことは、育種と採種は密接不離な関係にあるということと、開花から受粉・受精・結実までの生殖過程の重要性です。「育種」では、方法は別にして、まず遺伝変異を広げ、目的とする遺伝変異を選抜します。でも、選抜しただけでは選抜個体はお母さんにはなりえても、必ず種子が実るとは限りません。お父さんもお母さんも花の中にいるけれど、よそから花粉がこないと実らない植物などもあるわけです。ですから、変異を広げるためには、どの個体や系統を選んで、どうタネを採り、採ったタネをどう維持していくかが問題です。

たとえば、ダイコン畑から数十本を選抜して林の間で隔離採種したときに、全個体のタネをまとめて収穫する方法と、個体ごとに別々に収穫して後代を追う方法とは、意味が全然違います。もちろん、個体ごとに収穫するべきです。お母さんが決まっていれば、そして次の年に列ごとに分けて栽培すれば、よその人が見ても「あっ、列ごとで違いますね」というふうになります。なぜなら、個体ごとに開花期の早晩があり、開花期の似たもの同士が結婚しやすいからです。集団中の自然交配は無作為交配であるという学者がいますが、嘘っぱちです。

受粉後には、雌しべについた花粉（彼氏）は「俺が、俺が」って競争しますが、めしべの卵（彼女）は「いい男いるかな」って選り好みして、いい男がくると「私いるわよ」と香水（誘引物質）を出します。花粉が「あっ、いいわ！」って好かれると、花粉管を伸ばしてきたときに彼女は桟橋をピュッと出して、彼氏を乗せたらすぐにひっこめちゃう。だから、通常は後から来た奴は入れない。でも、たまには、好かれた彼のすぐ後の奴が、ヒョイッと一緒に入っちゃったりもします。皆さん、重複受精という現象をご存知でしょうか。通常の重複受精では一本の花粉管中の第一精核が胚のう内の卵核と受精して胚になり、第二精核が二つの極核と受精して胚乳になります。米粒であれば、欠けているところが胚のはずれた部分ですね。食べる部分が胚乳です。ですから、二本の花粉管が一つの胚のう内に入るような場合には、卵はこっちの花粉の核で、胚乳はあっちの花粉の核ということも起きることがあるのです。

通常の教科書には、そういうことは出てこない。ピンとキリの話しか教えないからです。でも、生物現象はものすごく多様なんですね。たとえばダイコンは、自分の花粉を自家受粉してもキャベツの花粉を他家受粉しても通常はタネが実らない。でも、今日咲いたダイコンの花に自分の花粉とキャベツの花粉を混ぜて受粉すると、彼女たちは間違えてダイコンの自家花粉もキャベツの他家花粉も受け入れて、一つのダイコンのサヤ中に大きいタネと小さいタネで実ることがあります。大きいタネはダイコンが自家受精して実ったもので、丸っこい小ぶりのタネはダイコンとキャベツとの合いの子です。このように、近縁種間や属間でも受粉の仕方によっては雑種ができることがあるんです。

ことほど左様に、生物界、特に生殖過程は多様です。それなのに、多くの研究者はそこを忘れて機械的に考えて研究をやっているわけで、これではだめですね。

それでは、以下、有機農業のための育種と採取の方法を考える基礎として、農水省による育種技術の高度化の実態を概観してから、生物現象の見方、考え方の私流の基礎を示したいと思います。

(1) 農水省による育種技術の高度化

農水省の「基本計画」[1]（二〇〇二）の「育種技術の高度化」では、「品種育成を加速化するためバイオテクノロジー等の高度な技術を活用し、遺伝子地図の作成、DNAマーカーの選定」や、「組換え体の作出等による実用品種の育成に向けた取組みを強化」などのほか、「環境に対する影響など安全性の確保が必要」とありますが、北陸研究センターのカラシナ・ディフェンシン遺伝子組換えイネ研究[2]では安全性が軽視されているようです。

カラシナは、「病菌がくっついた。やっつけなくては」と、そのときだけ病菌をやっつける物質を出す。それが抗菌物質のディフェンシン蛋白です。北陸研究センターは、常時その遺伝子が働くように操作してイネに組み込み、いもち病と白葉枯病に耐性を示す組換えイネをつくったわけです。これでは、抗生物質を多用して院内感染が問題になるのと同様の状況が想定されますよね。けれども、研究所は「そんなことはありえない」と言い、東京高等裁判所は「そんな心配は杞憂」だと。これは、科学技術立国と言いながら教育・研究予算を激減させて矛盾だらけですが、イネなら日本が世界に伍していけるだろうという国家戦略の現われですね。

農水省の「基本計画」の翌年には、国の「バイオテクノロジー戦略大綱」も出されているので、数年後の見直しでは「安全、安心」と言って基礎研究抜きに、もっと強く遺伝子組換えを進める方向になるかもしれません。私たちは、そういう国家的な大きい傘の下で日々暮らしている現実を直視する必要があります。

(2) 草木もヒトも小宇宙

ビッグバンに始まる一五〇億年の歴史をカレンダーの一年に置き換えてみました。地球上の生命の誕生はずっと後の三六億年前ですが、陸上生物の発生は四億二千万年前で、十二月二十一日です。私たちホモサピエンスの誕生は二万五千年前ですから、大晦日の除夜の鐘が鳴る直前です。でも、生命の歴史からみれば、ホモサピエンスの誕生から数えても食物に関する二万五千年の安全・安心の試行錯誤の歴史があるのです。

牛や馬を上手に連れて行って放せば、ギシギシやキツネノボタンが生えていても食べません。本能的に毒草がわかるからですね。ヒトも、ホモサピエンス誕生の頃は、きっと食べなかったはずですね。あるいは、ワライタケを食べて長時間笑い顔になってしまい、これは食べられないということがわかるという具合にして、安全・安心な植物だけが栽培されるようになり、最終的には突然変異が起きたりしても安全がそこなわれることのないものだけが、ヒトの歴史とともに作物となったのです。

一方、遺伝子組換え（ＧＭ）作物を推進する人たちは、ＧＭ品種は安全性をちゃんと調べているから既存の育種法で育成された品種よりも安全だと言います。でも、ＧＭ品種のある部分のことだけ、国が決めた部分だけについて、組換えをやった企業なりが自分で実験データを出して、国が書類審査をするわけですから、ご承知の薬害エイズのような問題を生じないとも限りません。遺伝子組換え技術については基礎研究があまりやられていないのに、すぐに実用化とは論外です。減反で四割もの田んぼを遊ばせておいて、世界の食糧がどうとかと言っても説得力がないですね。もっと自然の中でのヒトの生活を考えなくてはいけません。

(3)「あご・ほっぺ理論」の考え方

次は、「あご・ほっぺ理論」です。皆さん、ご自分の「あご」と「ほっぺ」にさわってみてください。それでは、「あご」と「ほっぺ」の境目はどこですか。形成外科医や整形外科医に聞くと、境目はないそうです。実際の生物現象も、ピンからキリまで境目がないものだらけです。

先ほどの植物のエッチを思い出してください。状況しだいでいろんなことが起こり、固定的じゃないですよね。私は、植物のエッチ研究を通して生物現象の連続性を知らされ、このことを研究室の学生・院生たちに話したとき、彼らの個性的で表情豊かな顔を見ながら、「あっ、私の理論は、あごとほっぺの関係だ」と気づき、「あご・ほっぺ理論」と命名しました。あごもほっぺも形が変わりますね。楽しいとき、怒ったとき、悲しいとき、困ったとき、いろんなことで変わる。しかも、境目がないのです。

たとえば、自殖性が高いと言われるイネにしても、通常は穎花の中で雌しべと雄しべが結婚して自殖種子が実ることが多いですが、状況によっては実ったタネのほとんどがよその旦那の子供ってことだってあるのです。自殖性植物（ピン）も他殖性植物（キリ）もそれだけをぼんやり見ればそれらしいのですが、たくさんの植物を詳しく調べると、ピンからキリまでずっと連続的であり、ピンやキリ自身も状況しだいで変わるのです。

「あご・ほっぺ理論」は、考えれば考えるほど、なるほどそうだなと自分でも納得することだらけです。私が「あご・ほっぺ理論」を説くと、遺伝子組換え（GM）技術を信奉する人たちは、「それはそうだけれど、GM技術は役に立ち、安全性に問題はない」と言い、「イネは自殖性の高い植物だから花粉は飛ばない」などと申します。

このように頭の固まった人へのブレーキも不可欠ですが、大変です。ですから、頭のやわらかいこれからの人を育てなければいけないと強く思いますね、ということが、この「あご・ほっぺ理論」のさわりです。

(4)「あご・ほっぺ理論」から遺伝子組換えイネを考える

それでは、「あご・ほっぺ理論」に基づいて、北陸研究センターのカラシナ・ディフェンシン遺伝子組換え（GM）イネの裁判の一端を見てみましょう。問題の一つは花粉飛散による他集団との自然交雑の可能性であり、もう一つは導入されたカラシナ・ディフェンシン遺伝子が常時活動してディフェンシンを生産するようにしてあり、いろいろな耐性菌が自然選択される可能性があることです。

裁判では、そういうことはありえないとして却下されました。イネの育種家に聞けば百人中百人がイネの花粉の寿命は五分間だと言うでしょう。なぜかと言うと、品種間交雑育種をしたくても、両親が同じ時期に穂を出すとは限りません。そこで、雌しべと花粉の寿命が気になって調べたところ、イネの花粉は短命で、せいぜい五分ぐらいでかなりの花粉が死ぬことがわかりました。そこで、大方の花粉が元気なうちに手際よくやるのがイネの交配の基本です。ですから、その限りでは「イネ花粉の寿命は約五分」は正しいです。

けれども、全部の花粉が一斉には死にません。人間の寿命だって個人差がありますね。ですから、遺伝子組換えイネの花粉がどこまで飛んで自然交雑するかを考えるときは、発想の転換が不可欠です。イネ花粉の寿命に関する論文によっては、四八時間後まで数パーセントの花粉は生きています。一部の花粉が生きている間は、遠くに運ばれて自然交雑することがありえます。ところが、北陸研究センターは

「イネ花粉の寿命は五分間」と主張し、裁判所はそれを採用しました。

かつて、国の一代雑種イネ研究に並行して、私は大学院生とイネの受粉生物学的研究をしました。一代雑種の採種圃では、お父さん（花粉親）畦《うね》は一列、お母さん（種子親）畦は幅広とします。ただし、お母さん畦の幅は一・五メートルぐらいまでにしないと、お父さんから離れすぎた株は飛散花粉不足で結実率が落ちます。そこで、このことを論文に書いたのですが、GM研究者たちは短絡的にこれを引用し、「イネの花粉は一・五メートルぐらいまでしか飛ばない」と書きます。でも、私たちは、「イネ一代雑種の採種栽培法」として種子親の畦幅は一・五メートル以下が適すると書いただけで、全花粉の飛散距離の限界を示したのではありません。

仮に、この会場で誰かが我慢できずタバコを吸ったとします。近くの人にプーンっと臭ってきますね。だけど遠くの人には臭わない。でも、壁際の一列全部の人が吸ったら、会場中が大変なことになるはずです。それなのに、イネなどの花粉が飛んで自然交雑する距離を調べた結果をもとに審議する国の学識経験者の会議では、花粉源の面積や個体数が示されずに、自然交雑した距離だけが示されます。本当は、花粉源が大きければ、飛んでいく距離も遠くなる。生き物の研究をしている人たちなのに、どうしてそういうことに気づかないのでしょう。

二〇〇四年の春にカルタヘナ議定書との関わりで日本にも法律ができ、その実施に絡む規則で、遺伝子組換えのイネはまわりのイネから二〇メートル以上離すことと決めました。でも、実験したら、二五・五メートルまで自然交雑したので、二〇〇五年四月に二六メートルに仮修正しました（その後三〇メートルに確定）。そのようなことは、科学的には実に馬鹿げたことですね。北海道も、遺伝子組換え作物の栽培を規制する条例をつくりましたが、その隔離距離は三〇〇メートルです。自然交雑をなくする隔離距離に、定説はありません。

花粉とは違いますが、大陸から黄砂が飛んでくるでしょう。状況によっては、花粉も上昇気流で上がってしまう。風がなければ花粉が飛ばないかといったら、決してそうではなくて、無風でも暖かかったら上がるんですよ。上空まで上がれば、風に乗ってピューッといくわけですね。ですから、距離をどれだけ離せばいいと、断定できないんですね。あまりにも要素が多すぎて、確定できないからです。けれども、国や研究機関は、なんとか実験を進めたいという気持ちの上に乗っかって規則を決めるから、このような非科学的な規則になるんですね。

(5) 遺伝の原理や生態系のシステムは全て解明されているか

ここでは、ＧＭ推進者は「安全、安全」と言うけれど、「本当は安全とは必ずしも言えないよ」ということを、三つだけ示します。

一つ目は、「有性生殖には無数の関所がありますが、人工の遺伝子組換えはフリーパス」ということです。花粉が雌しべの柱頭についたところで、「おーい、俺だよ」と叫んでも、「あんたなんか入れないわ」って門前払いされることがあります。門は入れても、受精するまでの間に関所があります。受精後でも、仮にハクサイの卵にキャベツの花粉の核が受精すれば、「とんでもない男と結婚している！」と、すぐに栄養供給を止めて流産させることが多いのです。このように、有性生殖は関所だらけです。だけど、遺伝子組換えでは、よその遺伝子をヒョイッと入れてしまって、関所なしですから、リスクが生じえます。

二つ目は、「自然の遺伝子組換えの基本は規則的ですが、人工の遺伝子組換えは当てずっぽう」ということです。自然の遺伝子組換えは、卵や精子や花粉をつくるときに減数分裂をして、そのときに組換えをしています。私の母は若白髪。父は前から禿げる若禿げ。私は両方もらいました。家内の実家のほうは上から禿げる若禿げです。

それでは、わが家の息子たちはどうなるかというと、自然の組換えの結果の卵と精子の受精によって、若禿げだけになるか、若白髪だけになるか、両方もって若白髪で若禿げになるかもしれない。組換えでいろいろありうるわけですよね。それは、禿げる禿げないとかいう遺伝子が染色体上に乗っている場所が決まっていて、そこで組換えが起こるのです。

突然変異を起こすときは、仮に黄色い花から赤い花が出たというときは、花の色を決める一対の遺伝子が両方とも優性で黄色だったものが、両方とも劣性になると赤になるといったことが、起こるわけです。それぞれの形質を発現する遺伝子は、基本的に収まる場所が決まっているわけですが、GM技術では導入遺伝子がどこにはまるかわかりません。あるバイオ研究所の排水溝で調べたら、除草剤耐性の菌がいた。そこから耐性遺伝子を取り出して、当てずっぽうにズドンと入れる。イネでもダイズでも、どこにはまるかまったくわからない。比喩的に言えば、確かに何通りかのハサミがあり、そのうちのこのハサミで切れば、DNAのどんな塩基配列のところが切れやすいということはあります。だけど、同じ塩基配列はたくさんあるので、どこにはまるかわからない。

そうすると、三つ目の「遺伝子間の働き合いと遺伝子の多面発現」の問題が生じます。GM技術では、当てずっぽうに組み込まれた導入遺伝子が、その後どういう行動をとるかという問題です。人間の例で説明しますと、たとえば有機農研の会議で、いつも出席する重要人物が欠席していつもの席にいないと、何か盛り上がらない。加えて、欠席常習犯が今日は出席でその席に座ると、何か雰囲気が大きく違う、などということがありますね。

遺伝子にも違う遺伝子との間の働き合いがあります。除草剤耐性遺伝子を導入しても、はまる場所によって耐性を示さないか、有害形質を発現する場合だらけです。これが、異なる遺伝子間の働き合いです。それから、遺伝子の多面発現は、遺伝子間の働き合いとも関連して、一つの遺伝子が複数の形質発現に関与することです。GM技術では、組換えには成功しても、導入遺伝子が目的形質だけでなく不良形質も発現してしまい、使えない場合だらけです。ですから、そのようななかで、「なんとかいけそう」「これもいけそうかな」って選び出した数系統の安全性について、「実質的同等性」を評価するわけです。

しかも、その安全性たるや、人間との関係あるいは自然環境との関係にしても、キチッと多くのことを調べない。限られた範囲内だけで、長期的な動物試験もやっていない。遺伝子組換え作物の安全性について言えば、先ほどお話しした北陸研究センターのカラシナ・ディフェンシン遺伝子組換えイネ品種でも、室内実験でディフェンシン耐性菌の突然変異が出ているんです。ところがセンター側では、これは特殊な条件下の結果なので自然の条件ではないから、自然界では突然変異が出るはずがないと結論づけています。おかしいと思いませんか。生物現象の実態や原理の追究は、自然条件で実験することもありますが、実験室でいくつかの条件を整えて実験をやり、これでこうなったから自然でもこうなるのではないのかなと考えることが多いんです。だけど、今のGM研究では、とにかく「いけいけ、どんどん」という状態なので、こういう結論を下すのですね。

さらに言えば、宇宙の歴史のところで述べた、人類みんなで安全性を確認できた植物だけが、しかも生殖のだいじな部分、種まきとかを人間に任せちゃおうと思った植物だけが作物になったわけでしょう。でも、GM推進者は、「ワサビや洋ガラシだって毒が入っている」と。辛味成分は毒と言えば毒かもしれないけれど、よいこともやっています。食べすぎればみんな毒になる。塩も砂糖も米だって、食べすぎれば、みんなよくない。だから、こういう主張は詭弁だと思います。

2 これからの育種目標の最重要課題
―有機農業に適した品種育成のための七つの設問

皆さんには、この2の項は不要でしょうから解説しません。化学肥料・農薬の使用量は少しがよいし、それらを使わない有機農業がいちばんよいのですが、言うは易く、実際は困難なことがいっぱいありますけれど。

国の機関の育種研究は、ややもすると農民や消費者とは違うところに重きがおかれることがあります。遺伝子組換え（GM）研究は、まさに国を挙げてそういう方向で進んでいます。関連する学識経験者の委員会を小まめに開きますが、第一種使用規定承認申請のほとんどは一握りの多国籍企業と実質的な国公立試験研究機関です。

以下、レジメから抜粋します。

これまでの作物育種は、耐肥性・多肥性の多収性品種の育成によって、化学肥料・農薬の多投入型農業を推進したことになり、結果的に環境に対する負荷を増大させ、世界的な環境汚染を引き起こすことになった。

そこで、これからの育種目標を設定する際に考慮すべき要素を考えるための基礎として、以下の七つの設問を提示してから、これからの植物育種のあり方と育種目標を考えてみたい。要は、生物多様性と遺伝的多様性を念頭に、可能な限り持続的農業を指向して、単作よりも混作・間作に適する品種の育種と採種であり、農林生態系に依拠して地域の特性に応じた多様な品種の育種と採種を進展させようというわけである。

これからの育種目標の設定に際して考慮すべき要素を考える基礎として、七つの設問の順に持続的農業の栽培技術体系を考えてみよう。

①多量投入型破滅的農業（ＨＩＲＡ、high-input ruinous agriculture）か、少量投入型持続的農業（ＬＥＩＳＡ、low-external-input and sustainable agriculture）か、有機農業（ＯＡ、organic agriculture）か：ＨＩＲＡよりもＬＥＩＳＡが理にかない、ＯＡはさらに理にかなっている。

②単作型か、混作・間作型か：圃場に一種類の作物の一品種だけを単作するよりも、混作か間作が理にかなっている。

③大規模圃場型か、中小規模圃場型か：数アールからせいぜい数十アールか一ヘクタール未満の小規模・中規模の圃場が、数十ヘクタールなどの大規模圃場よりも理にかなっている。

④全面耕起型か、部分耕起型か：土壌環境に大きな負荷を与える全面耕起型の農業体系よりも、負荷の小さい部分耕起型が理にかなっている。さらに、不耕起型が最も理にかなっている。

⑤生産団地依存型か、地場依存型か：野菜の生産団地における単作・連作圃場の土壌荒廃と病害虫多発が問題となる現状をみれば、生産地が散在する地域依存型が理にかなっている。

⑥輸入依存型か、国産依存型か：国内の農業を軽視して自給率の低下を招く輸入依存型よりも、国内の農業を重視して自給率の向上と安全・安心の農産物を供給する国産依存型が理にかなってい

る。

⑦生産上の問題か、流通上の問題か、消費上の問題か：生産、流通、消費のいずれの場面に対応した育種も必要である。ただし、官製育種はややもすると農民や消費者よりも中間の流通業者を利する育種に偏りかねない。

3　有機農業と植物育種

(1) 有機農業育種の背景

次は、有機農業のための植物育種のあり方を順に見ていきましょう。国際有機農業運動連盟（ＩＦＯＡＭ）による有機農業育種の原文は、Organic Breedingです。表Ⅲ-1は、ＩＦＯＡＭと日本有機農業研究会による作物品種ならびに育種と種苗生産の基準です。ここで、表Ⅲ-1の「注1」をご覧ください。「有機農業の基本原則において、遺伝子工学あるいは遺伝子組換え技術による品種の種苗は使用せず、その派生物（生産物）も可能な限り使用しないことを旨とする」と、どちらの基準でも書いてあります。

詳しいことは、後ほど表の左右をよくお読みください。なお、日本有機農業研究会では、植物育種および増殖の基準は未策定です。

表Ⅲ-1　国際的なIFOAM（2002）と日本有機農業研究会（2000）による作物品種ならびに育種と種苗生産の基準

IFOAM（国際有機農業運動連盟）	日本有機農業研究会
〈作物品種〉 ○一般原則： (1) 有機農業体系で栽培される作物種と品種は，地域の土壌および気象条件への適合性と病害虫に対する抵抗性によって選択される。 (2) 全ての種子・種苗（苗木・穂木・台木などを含む）は有機認証されたものである。 ○推奨： (1) 有機農場の持続性，自足性および生物多様性の価値を高めるため，幅広い作物および品種が栽培されるべきである。 (2) 植物の品種は，遺伝的多様性を維持するように選択されるべきである。 (3) 有機的に栽培された品種および有機栽培に適合していると知らされている品種が優先されるべきである。 (4) 有機的に交雑された品種を使用すべきである。 ○必要条件： (1) 適切な品種と品質の有機種子・種苗が使用されること。それらが購入不可能な場合には，基準設定機関が非有機種子・種苗の使用に関する期日制限を設けること。 (2) 有機種子・種苗が入手不可能な場合，基準により許容されていない農薬で処理されていないことを前提に，慣行のものを使用してもよい。 (3) 慣行の非処理種子・種苗が入手不可能な場合，化学処理された種子・種苗を使用してもよい。ただし，認証団体は，あらゆる化学処理された種子・種苗の使用に対する期日制限を設け，適用除外条件を明確にすること。 **〈植物育種および増殖の基準草案〉** ○一般原則： (1) 有機植物育種と品種育成は，持続可能で，遺伝的多様性を高め，自然の繁殖力に依存している。 (2) 有機植物育種は，自然交雑における障壁を尊重した総合的アプローチであり，生きた土壌と存続可能な関係を確立できる稔性のある植物に基づくものである。	**〈作物品種〉** ○考え方： (1) 栽培作物とその品種は，できるだけ当該地域の土壌や気象条件に適応し，害虫や病気に抵抗性のあるものを選択する。 (2) 生物多様性を保持することにも留意する。 (3) 農場または外部から持ち込まれる種子または種苗は，有機農業に関する基礎基準の作物生産の基準に基づいて生産された作物の種子または種苗（以下，「有機栽培種子・種苗」という）を原則とする。 (4) 有機栽培種子・種苗の入手が困難な状況が見られる場合であっても，一定期間の経過後は，その入手を可能にする努力が求められる。 ○基準： (1) 有機栽培種子・種苗が通常の方法によって入手可能な場合は，それを使用しなければならない。 (2) 有機栽培種子・種苗の入手が通常の方法によっては困難な場合には，化学合成資材で処理されていない種子ま

有機品種は，有機植物育種計画によって得られる。 (3) 有機植物育種の目標は，有機生産を維持しさらに多様化することである。 ○推奨： (1) 植物育種者は，有機農業に適した育種方法を用いるべきである。全ての増殖方法は，全て有機認証された管理のもとにあるべきである。 (2) 育種方法および材料は，天然資源の消耗を最小にすべきである。 ○必要条件： (1) 別表（表Ⅲ-2参照）の方法のみを用いること。分列組織培養以外は，有機認証された管理のもとにあること。 (2) 有機種子・種苗は，有機種子・種苗として認証される前に，一年生植物の場合は少なくとも1世代，永年生植物の場合は2生長期間または12か月間のどちらか長い方の期間，有機的管理のもとで成育させること。	たは種苗を使用することができる。 (3) 種子については，上記（1），(2) の何れの種子の入手も通常の方法によっては困難な場合に限り，化学合成資材で処理されたものを使用することができる。 **〈植物育種および増殖の基準〉** 特に定められていない。

注1. 有機農業の基本原則において，遺伝子工学（Genetic engineering）あるいは遺伝子組換え技術による品種の種苗は使用せず，その派生物（生産物および加工品）も可能な限り使用しない旨のことが記されている。
2. IFOAMのHPによれば，2005年現在，改定作業が進行中である。
3. IFOAM（2003），IFOAMのHP（http//:www.ifoam.org），日本有機農業研究会（2000, 2003）に基づいて作成した。

(2) 有機農業育種の三つの大前提と十二の基本原則（試案）

有機農業育種のあり方を考えるために、私は三つの大前提と十二の基本原則を考えてみました。

三つの大前提の①は、有機農業の場を育種の場とするということです。遺伝変異を拡大して目的にあった変異を選ぶときの場の環境が大切なんです。環境とは、土地、気候、風土などはもちろん、地産地消・身土不二を重視すれば、地域の人々が何を好むかという地域特性も重要です。どこかよそで育種した品種を「これ、いいから」ともらってきても、すぐには使えない場合が多いですね。ジャガイモの「男爵」などは、そのまま使えた例ですが。ですから、まずは有機農業の場で育種をしましょうということです。

大前提の②は、良心的な育種研究者や育種事業者、種屋さんを含めて、農民と消費者みんなが共同して、力や声の出し方、手の出し方に軽重はあるにせよ、みんなで関心をもって育種を進めましょうということです。

大前提の③は、「育成品種は、タネが採れてまた播いて栽培できる」ことが基本ですが、それは絶対的ではないということです。そのあたりがちょっと、ＩＦＯＡＭでもあやふやなんです。たとえば果樹栽培では、品種間雑種をつくれば、タネで増やさず挿し木とか接ぎ木で増やすわけですから、一代雑種を全面否定することにはなりません。

私の大前提は、有機農業の場では自然に即したいろんな方法で種苗を次々生産できることを基本とします。そういう三つの大前提に立てば、次の十二の基本原則は、通常の育種とは大きく異なる立場に立つことになると思います。

有機農業育種の十二の基本原則の①は、「生物相互間の作用の重視」です。要するに、草木も微生物も人間も小宇宙だよという前提に立てば、それぞれがみんな生態系としていろいろつながっていることを重視しながら育種することです。

②は、「自然の種の純粋性の追求」です。ＤＮＡは微生物から高等生物まで一緒だから、あちこちのものを切って貼ればいいというのがＧＭ技術の考えだけれど、今のＧＭ技術はまったくの当てずっぽうです。何十万年も前からみんなで安全性の確認をしている状況と、書類審査で「実質的同等性」を評価するＧＭ品種とでは、根本が違うことを強調します。

ただし、種間や属間の合いの子をつくっては絶対だめかといえば、利用できるものは利用してよいのです。ハクサイ（白菜）とキャベツ（甘藍）の合いの子をつくれば、初期世代はタネが採れにくいけれど結球セイヨウナタネ「ハクラン」(白藍)が育成できます。ロシアのカルペチェンコという人が一九二〇年代に、下にダイコン上にキャベツという合いの子ができないかと期待して、ダイコンとキャベツの属間交雑により雑種をつくりました。

残念というか、当然のことですが、ダイコンとキャベツの合いの子は、根っこは太らず、葉は結球しません。アブラナ科植物は、葉っぱの炭酸同化作用だけでは子供を増やす栄養が足りないのです。花が咲いたら大きな葉っぱは出ませんからね。だからダイコンは根っこに栄養を蓄えておく。一方、キャベツやハクサイは主に葉っぱの中肋——葉の中央の白く甘みが強い部分ですね——に栄養を蓄えます。中肋に栄養を蓄えて包んでおけば外側は寒さで傷んでも内側は元気でいられるから、葉っぱに栄養を蓄えます。ですから、栄養を葉っぱに蓄える作物と根っこに蓄える作物を一緒にしたら、野暮な会社があっちこっちに投資して営業不振になるのと同じで、うまくいきません。でも、ハクサイとキャベツの合いの子は、両親とも栄養の貯蔵場所は同じなので、実用的な種間雑種植物ができるんですね。ただし、GM技術は種間雑種や属間雑種の合いの子をつくることとは根本的に異なるので、それは使いません。

③は「遺伝子と環境の相互作用の結果としての総合的な表現型の重視」であり、④は「品種特性としての遺伝的多様性の重視」です。⑤は「遺伝特性の異なる多数の品種の育成と利用」、⑥は「土壌環境や気象変動に対する適応力の強化」です。遺伝子を無視するわけではないのですが、これらのことは、⑦「圃場抵抗性の重視」や、⑧「環境ストレス障害などに対する回復力・復元力の強化」などともつながります。

国の機関で行なう耐病性育種では、耐病性を示す少数の主働遺伝子の導入が中心です。それは真性抵抗性といいますが、実際に圃場で栽培すると病気に弱いことがよくある。一方、多数の微働遺伝子の働きにより圃場で病気に強いことがあり、圃場抵抗性といいます。そこで、有機農業育種では、圃場抵抗性に重きをおこうということです。

そして、持続的農業を推進するために、生物多様性や遺伝的多様性を重視しよう、作物の環境適応力を重視しようということです。皆さん、生物多様性条約とかカルタヘナ法とかというものを聞いたことがありますね。生物多様性が高いということは、ある地域内たとえばこの国民生活センターの敷地内に何種類の生物がいて、それぞれの種類の中に遺伝的変異がどれだけあるかが問題で、多様な遺伝的変異を内包した多種類の生物が生息していれば、生物多様性が高いということになります。

遺伝的多様性が高いということを農作物でいえば、イネならイネという一種類のなかに遺伝的に異なる多数の品種があり、品種内にも遺伝的に異なる個体がいっぱいある状態です。ですから、たとえ国内で栽培される農作物の種類が多くても、各種類ごとの遺伝的多様性が低ければ、生物多様性は低いことになります。日本中どこへ行っても栽培イネ品種がコシヒカリまたはその子孫だけですから、日本のイネは遺伝的多様性がものすごく低いことになりますね。同様のことが他の全ての農作物でも見られるとしたら、日本の農作物の生物多様性は極端に低いことになり、持続的農業に赤信号です。ですから、理想的な有機農業の場に限らず、有機農業ならなおのこと、できるだけいろいろな種類の農作物を輪作体系、間作・混作体系に組み入れて、それぞれの農作物について遺伝的に異なる何種類もの品種を栽培する必要がありますね。有機農業育種としては、なるべくいろんな種類の農作物について、遺伝的に異なるるいろんな品種の育成ということを目指していく。そのときに、地域にあった独特の品種を考えようということです。

そこで、有機農業育種の十二の基本原則の⑨は「地域独特の特性をもつ農作物と品種の開発」、⑩は

表Ⅲ-2 IFOAM（国際有機農業運動連盟）による有機農業のための「Plant Breeding Draft Standards（植物育種基準草案）」(2002) にみる使用できる育種法ならびに育種技術

<table>
<tr><th colspan="2">遺伝的変異創出法</th><th>選抜法</th><th>維持・増殖法</th></tr>
<tr><td>交雑育種</td><td>①組合せ育種
(combination breeding)
②種間交雑 (crossing varieties)
③橋渡し交雑 (bridge crossing)
④戻し交雑 (backcrossing)
⑤可稔一代雑種
(hybrids with fertile F_1)</td><td rowspan="2">①集団選抜（mass selection）
②系統選抜 (pedigree selection)
③区域限定選抜
(site-determined selection)
④環境変動
(change in surroundings)
⑤播種期変動
(change in sowing time)
⑥穂内配列順播き法
(ear bed method)
⑦検定交雑（test crossing）
⑧間接選抜（indirect selection）
⑨DNA 診断
(DNA diagnostic methods)</td><td rowspan="2">①有性繁殖
②栄養繁殖
—分割塊茎
—鱗片，外皮，分割鱗茎，木子，むかご
—葡匐枝など
—取木苗，挿木苗，接木苗
—根茎
③分列組織培養
(茎頂培養)</td></tr>
<tr><td>受粉時の処理</td><td>①温度処理
(temperature treatment)
②花柱切除（cutting style）
③花柱接木（grafting style）
④無処理メントール花粉
(untreated mentor pollen)</td></tr>
</table>

注1. **遺伝変異創出法**：原典では「交雑育種」と「受粉時の処理」の区分はないが，見やすいように二分した。

2. **交雑育種**：①組合せ育種：親品種の優良形質を組み合わせて新品種を育成する通常の品種間交雑育種と同義。②種間交雑：原文ではcrossing varietiesとなっているが，内容的にはハクサイとキャベツ（甘藍；カンラン）の人為交雑によって新型野菜ハクランを育成するなどの種間交雑育種である。③橋渡し交雑：種間交雑において，たとえば種A×種Bは交雑容易でないが両種とも種Cとは容易なとき，(A×C) F_1または（B×C）F_1をつくり，それらを橋渡し植物として種Bまたは種Aを交雑すること。④戻し交雑：栽培種Aに近縁種Bから耐病性遺伝子を導入したいとき，(A×B) F_1を種子親とし，Bを一回親，Aを反復親として6回以上，反復戻し交雑を行ない，目的遺伝子だけを導入すること。新潟コシヒカリBLの複数構成系統の育種法。⑤可稔一代雑種：交雑品種（一代雑種品種）育種であるが，雑種F_1植物が可稔であることが条件。

3. **受粉時の処理**：自家不和合性植物から自殖種子を得たい場合，または交雑不親和性を示す交雑組合わせで雑種種子を得たい場合に，不和合性や不親和性を一時的に弱めるための方法である。具体的な手法としては，①植物体への高温処理，②花柱基部から切除して切口に受粉する，③花柱基部から切除し和合性を示す花柱を接木する，④自家花粉と他家花粉を混合受粉して異種花粉のメントール効果によって自家不和合性や交雑不親和性を弱める。

4. **選抜法**：①集団選抜と②系統選抜は，通常育種の方法に等しい。③区域限定選抜は，雑種第一代目はある場所で栽培したとしても，地域特有の土壌条件や気象条件などを考慮して，第二代目以降はその土地土地で毎代栽培して自然選抜または人為選抜することで，わが国の農水省の生態育種に等しい。④環境変動と⑤播種期変動は，地理的ならびに季節的分断選抜に相当する。⑥穂内配列順播き法は，いわば一穂一列法（ear-to-row method）の精密版で，選抜初期世代に用いられ，種子の稔った位置の順番どおりに播き，穂の下位，中位，上位のいずれの種子からの個体を選抜すればよいかを見極めて選抜する。⑦検定交雑は，通常の一代雑種品種育種に用いられる方法で，育種材料としての一般組合わせ能力（GCA）や特定組合わせ能力（SCA）

をみるための操作である。⑧間接選抜は，特定の農業形質と強い連鎖関係にある形態形質やDNAなどをマーカーとして利用する個体選抜法で，後者はマーカー選抜育種（MAS; marker assisted selectionまたはmarker aided selection）である。⑨DNA診断は，品種・系統の親子関係のDNAレベルでの鑑定や，耐病虫性など重要農業形質の遺伝子自身をDNAレベルで同定して優良個体の早期選抜を可能にするなどに絶大な効果を発揮する最新の診断方法である。

5. **個々に掲げられた以外の遺伝変異創出法，選抜法ならびに維持・増殖法**：遺伝子組換えや突然変異の技術，さらに培養技術（茎頂培養による増殖を除く）などは有機農業育種では用いない。

「農産物の栄養価の向上」、⑪は「品種特性を明示した品種リストの整備」、⑫は「生物特許に反対し、有機農業育種家間では可能な限り育種材料の自由な交換を前提とする」です。

4 有機農業育種の体系

（1）IFOAMの「植物育種基準草案」

いよいよ、本題の有機農業育種の体系です。まずは、ＩＦＯＡＭ（国際有機農業運動連盟）の「植物育種基準草案」（二〇〇二）（表Ⅲ-2）を見てみましょう。

「変異創出法」では、交雑育種が基本です。そして、この交雑育種には、五種類すなわち、①組合せ交雑、②種間交雑、③橋渡し交雑、④戻し交雑、⑤可稔一代雑種という育種法があります。

①の「組合せ育種」とは、複数親品種の優良形質を組み合わせて新品種を育成する通常の同一種内の品種間交雑育種のことです。②の「種間交雑」とは、同じ属内の異種間や近縁の属間雑種は、交雑組合わせによってタネが実るし、実用的形質を備えているので、使える場合には使いましょうというものです。

③の「橋渡し交雑」とは、ＩＦＯＡＭが例を示しているわけではありませんが、

たとえばアブラナ属のカラシナとセイヨウナタネとの間で雑種をつくりたい、病気に強い性質をセイヨウナタネに入れたいとしますよね。両種の間の種間交雑は不可能ではありませんが、あまり容易ではない。自然交雑でも雑種ができることはあるのだけれど、人工受粉でつくろうと思っても、簡単には成功しません。ところが、カブの仲間は、カラシナとでもセイヨウナタネとでも、種間雑種ができやすいのです。ですから、こういうときにはカラシナとカブの間、あるいはセイヨウナタネとカブの間で、まず人工受粉して種間雑種をつくります。種子親と花粉親にどちらの植物を使うかによって雑種個体の得られやすさが違うことはありますが、そして用いる品種や個体や栽培条件によって交雑率が異なりますが、けっこう簡単に雑種ができてしまいます。ここで、カブの仲間は、ハクサイ、コマツナ、キョウナ、ノザワナ、在来ナタネ（アブラナ）などで、カラシナやセイヨウナタネとの間でかなり簡単に種間雑種ができます。

ですから、仮にカラシナとハクサイを掛け、得られた雑種にセイヨウナタネの花粉を掛けるか、雑種の花粉をセイヨウナタネに掛ける。そうすると、カラシナとハクサイの種間雑種にセイヨウナタネが交雑し、結果的にカラシナとセイヨウナタネがハクサイを橋渡し植物として、ハクサイの血も入った合いの子ができたことになりますね。この合いの子の後代を継代栽培して選抜していけば、カラシナの耐病性をもつセイヨウナタネが育成できることになります。これが、「橋渡し交雑育種」の概要です。雑種を得にくい異種間で有用形質を組み合わせたいときは、遺伝子組換え技術ではなく、花の上で雑種をつくろうということです。

④の「戻し交雑」は、たとえば日本では、一九三〇年からセイヨウナタネを田んぼの裏作で栽培できるようにする育種研究が進みました。それまではカブの仲間の在来ナタネが栽培されていました。当時

は、裏作の在来ナタネを収穫後の六月に田植えをしました。ところが、セイヨウナタネは、在来ナタネよりもずっと収量は多いけれど、とても晩生ですから、セイヨウナタネを栽培したのでは田植えが適期にできません。そこで、セイヨウナタネを早生にしようと、在来ナタネ（赤種＝アカダネとも呼ばれる）をセイヨウナタネ（黒種＝クロダネとも呼ばれる）に掛けて、得られた種間雑種の後代を自然受粉によって継代しながら選抜していくと、だんだん在来ナタネと同様に早生になった多収性セイヨウナタネ品種が育成できます。

こうやって、セイヨウナタネの早生優良品種がいっぱいできて、戦後にナタネの栽培と生産量が急上昇し、一九六〇年がナタネ生産のピークです。それから後はカナダから輸入されるようになり、ナタネ栽培は衰退の一途をたどりました。これは、国の政策による貿易自由化が原因です。そのころ、日本の旧財閥が完全復活したんですね。

それはよいとして、いや、農産物貿易完全自由化は困りものですが、たとえばセイヨウナタネに在来ナタネの早生性を導入したいときに、得られた種間雑種に毎代セイヨウナタネの花粉を掛けて継代すると、これが戻し交雑です。セイヨウナタネの基本特性を維持しつつ早生性だけを導入しようというわけです。種間雑種にセイヨウナタネを反復戻し交雑すると、後代植物の遺伝質の割合は、単純計算では一回の戻し交雑で七五パーセント、二回で八七・五パーセント、三回で九三・七五パーセントがセイヨウナタネになり、六回で九九・二パーセント、七回で九九・六パーセントがセイヨウナタネの遺伝質となり、早生性だけが違う同質遺伝子系統ができます。今のはたとえで、実際には栽培品種に近縁野生種の耐病性を導入する場合などに使われます。

⑤の「可稔一代雑種」は、一代雑種品種、交雑品種、エフワン品種、ハイブリッド品種などとも言い、

雑種第一代種子を市販種子とする育種法です。通常、この育種法は、雑種強勢の利用や、特に他殖性の強い植物では農業形質の均質性を高める方法として活用されます。通常の一代雑種品種では、いちど栽培して好結果が得られても自家採種して次代種子を栽培すると、雑種強勢も形質の均質性も大幅に劣ってしまうので、タネを毎年購入する必要があり、一代雑種育種は種苗会社にとっても好都合な育種法です。でも、有機農業育種では少なくとも雑種強勢は何代も持続させようというわけです。

次に、表Ⅲ-2の左下の「受粉時の処理」というのは、自家受粉では結実しない自家不和合性の植物体から自殖によってタネを得たい場合、あるいは種間交雑による雑種獲得率を高める方法と思っていただければよいのです。たとえば、アブラナ科のハクサイやキャベツやダイコンの品種は、多くの場合、自家不和合性が強いので、通常の自家受粉では採種が困難です。また、ハクサイとキャベツとの合いの子をつくりたい、たくさんの花に交配すれば、花の上で種間雑種ができなくはないけれど、なかなかできにくい、そういうときにこれら①~④の方法が利用できます。

自家不和合性の強い植物では、開花当日の花に自家受粉しても普通はさっぱり結実しません。でも、おおざっぱに言えば気温を三五度とかの高温にしてあげると（①温度処理）、遺伝子が変わるわけではないのだけれども不和合性が消えてしまい、自分の花粉を自家受粉してもタネがたくさん実るようになったりします。自家不和合性植物では、雌しべの頭（柱頭と呼ばれる花粉管の入り口）に受粉された自家花粉とか異種花粉が、入り口のところで「おーい、俺だよ」と叫んでも門を開けてくれないなら、門（柱頭）をちょん切って切断面に花粉をつける（②花柱切除）、あるいは不和合の柱頭を花柱とともに切り取って、そこに和合の柱頭を接げば（③花柱接木）、不和合性が現われず、タネが得られるというわけです。培養技術などがない昔の人が、なんとかして不和合性を一時的に弱めようと苦心して編み出した方法は、どんどん使いましょうということです。

受粉時の処理の④「無処理メントール花粉」とは、初耳の人が多いでしょう。メントールの語源は、ギリシャ神話で神の子を養育してくれる人のことで、養育者という意味です。それで、不和合性が強くて自殖種子が採れないときに、二種類の花粉を混ぜて混合受粉すると、一方の花粉が他方の花粉に作用して和合性となり、タネが得られる場合があります。このとき、不和合花粉を和合にしてくれた花粉がメントール花粉というわけです。

たとえば、ダイコンの今日咲いた花では、自家受粉しても、キャベツの花粉を他家受粉しても実らない。だけど、両者の花粉を混ぜて混合受粉すると、ダイコンの自殖種子とダイコンとキャベツの属間雑種が得られることを、先ほどお話ししましたね。それで、ダイコンの自家花粉とキャベツ花粉を混合受粉して、ダイコンの自殖種子ができれば、キャベツの花粉がメントール花粉として作用したことになります。また、両者の合いの子ができれば、ダイコンの花粉がメントール花粉になったわけです。この表では、メントール花粉に特別な失活処理を施さずに混合受粉することを、無処理メントール花粉と書いているわけです。

次は、表Ⅲ-2の真ん中の欄、「選抜法」のいろいろです。①の「集団選抜」とは、タネの収穫は一個体ずつとしても、播くときは育種目的や状況に応じて複数の選抜個体のタネをひとまとめにして播く場合がありますが、そのことです。②の「系統選抜」とは、最初にお話しした、お母さんごとに系統として栽培し、優良系統を選んでいくことです。③の「区域限定選抜」とは、地域地域に適した品種を育成しようとすることで、農水省の生態育種と同じです。後で、表Ⅲ-2の脚注をご覧ください。

それから、④の「環境変動」と⑤の「播種期変動」は、「とんちんかん栽培」を繰り返すことです。

たとえば、ソバは他殖性ですが、栽培品種は秋ソバ型、夏ソバ型、中間型ソバの三群に分けられます。そして、西南暖地の秋ソバ品種は、だんだん夜が長くなり日長（昼の長さ）が一四時間半以下にならないと花が咲かないといわれています。一方、北海道や東北地方のソバ品種は、日長に関係なく温度さえもらえば花が咲くという夏播き性の高い品種ばかりです。そこで、九州の秋ソバ品種のタネを取り寄せて、筑波で春播き夏栽培してみました。通常は夏播き秋栽培ですから、とんちんかん栽培です。すると、なかには二五日ぐらいで花が咲き出す個体もあるんです。だけど、多くの個体は六〇日たっても咲かず、八月に播いたソバが咲く九月の中下旬ごろにワーッと咲き出します。緯度の低い九州では、緯度の高い地方よりも日長が短いですから、すべての個体がほとんど同時に咲きますが、開花時期がちょっと違えば結婚相手が違ってしまい、つねに開花時期の似たもの同士が結婚しているわけです。だから、筑波で「とんちんかん栽培」して個体ごとに採種してみると、後代では個体変異の幅がものすごく広がります。

実際には、「とんちんかん栽培」には播種期だけでなく栽培地を変えることも含まれます。ですから、遺伝的変異を広げたいときに、環境の大きく異なる地域で栽培するか、同じ地域でも播種期を大幅に変えて「とんちんかん栽培」をして、開花期の早晩を記録しながら個体ごとにタネを収穫すれば、旦那が誰かわからないけれど、次の年にタネを播くと、開花期だけでなくいろんな形質がお母さんごとにけっこう違ってきます。このように、播種期とか栽培地を変えて栽培環境を大きく変えると、いろいろな個体が普段表わす表情とは全然違う表情をパーっと出すことがあるんです。これは遺伝的変異を見つけるのに非常に便利なやり方ですね。

専門書には「とんちんかん栽培」とは書いてありませんが、「とんちんかん栽培」による選抜を何世代も繰り返すことを「地理的分断選抜」とか「季節的分断選抜」といいます。そして、この表の④環境変動と⑤播種期変動がこれらに相当し、品種の広域適応性、すなわちいろいろな環境に対して適応できる強靭な性質の付与に利用されます。

選抜法は他にもありますが、ややこしいのは飛ばします。下の⑧と⑨は、ＤＮＡというと全部忌み嫌うのではなくて、使える技術は使おうということです。早生か晩生かという形質は、出穂しないと肉眼的に検定できませんが、出穂を支配する遺伝子がわかっていて芽生えたときにちょっと葉を取って分析して、これは早生だとわかれば早く選抜できますね。イネゲノム研究などで解明されて利用できることは、どんどん使いましょうということです。ただし、私たちがいきなりやるわけにはいきません。やるには、それなりの施設とお金が必要ですから。こぼれ落ち輸入セイヨウナタネがＧＭナタネかどうかは、簡易キットで一時検査がチョロッとできますが、あれも早期検定の一つですよね。

表Ⅲ-2の右側の「維持・増殖法」のところでは、一つだけ③の「分裂組織培養」について注意を述べます。日本では茎頂培養と言っていますが、メリクローンなども含めてですね。ＩＦＯＡＭの基準では突然変異が起こりにくい場合だけとは書いてありませんが、私はそう思います。お天道様の下で増やせる植物に培養増殖する必要はないですけれど、そういう条件つきで、増殖しにくい植物では増やしてもいいでしょう。

以上は、私が有機農業育種の試案を出すための前段のお話です。

(2) 有機農業育種の体系（試案）

いよいよ核心の「有機農業育種の体系（試案）」です。

表Ⅲ-3では、無印は基本的に有機農業育種で使える技術です。△は状況によっては使い、×は使い

表Ⅲ-3 有機農業育種の主な育種法ならびに各場面で利用する技術と利用しない技術（生井試案）

基本操作	育種法と育苗生産法	各対象に対する育種・種苗生産技術		
		個体	器官・細胞	DNA
Ⅰ 選抜	①選抜育種 集団選抜，母系選抜， 系統選抜，循環選抜， 区域限定選抜，分断選抜， 枝変り選抜	ストレス耐性検定 耐病性検定 耐虫性検定	体細胞選抜（△）	間接評価・診断 間接選抜(MAS)
Ⅱ 変異の積極的創出と選抜	①品種間交雑育種 系統育種，集団育種， 戻し交雑育種 合成品種育種 一代雑種育種（△） ②種間交雑育種（△） 橋渡し交雑育種 戻し交雑育種 ③栄養雑種（接木雑種）育種 ④同質倍数性育種（△） ⑤突然変異育種（△）	ストレス耐性検定 耐病性検定 耐虫性検定 接木	混合受粉（メントール効果） 花柱切除 花柱接木 コルヒチン処理（△） 子房培養（△） 胚培養（△） 葯培養（△） 細胞融合（△）	間接評価・診断 間接選抜(MAS) 遺伝子組換え（×）
Ⅲ 増殖	①種子繁殖 ②栄養繁殖	受粉 接木，挿木 分球など	茎頂培養（△） マイクロ増殖（△） 人工種子（×）	

注1. カッコ内の印：無印は利用可。△印は部分的に利用可。×印は利用不可。表Ⅲ-2も参照。IFOAMの育種法には突然変異や細胞融合などは含まないが，歴史的には枝変りや接木変異などは多数利用されてきた。

2. **一代雑種育種**：栄養繁殖植物では，雑種第一代植物が接木や挿木などで増殖されるので問題ないが，種子繁殖植物では雑種第一代植物の後代は特性が分離し旺盛さも弱まるので自家採種できず問題がある。ただし，有機農業を基盤として育成された一代雑種品種であれば，経済栽培と育種材料としての利用は可能である。

3. **種間交雑育種**：人工受粉によって得られた雑種後代が自家採種可能であれば種子植物にも利用できる。

4. **同質倍数体育種**：自然の染色体倍加もあるが，人為的には成長点のコルヒチン処理による。相同染色体が4本ずつとなるため減数分裂が異常をきたし充実種子が結実しない場合が多いが，利用可能な場合もある。

5. **突然変異育種**：枝変り（芽条変異）という自然突然変異が，カンキツ類やキク科植物などでは大いに役立ってきた。しかし，特に種子繁殖植物では，得られた突然変異遺伝子の多面発現（pleiotropy）により不良形質が発現して利用できない場合や，染色体の構造変異により減数分裂異常をきたし不稔となる場合がある。

6. **体細胞選抜**：培養虫の細胞には突然変異が生じやすいため，注5. と同様の問題がある。

7. **胚培養，子房培養**：種間交雑などで幼胚が退化して雑種個体が得られない場合の幼胚救助法であり，交雑組合わせによってはアブラナ属植物などのように大きな効果があるが，タバコ属植物などでは雑種植物は得られても雑種弱性や雑種不稔などにより正常な雑種が得られない場合がある。

8. **葯培養**：小胞子培養を含む。育種年限短縮の半数体育種である。イネなど単ゲノム種では短年月でホモ接合化が進み純系が得られるが，セイヨウナタネやコムギなど複ゲノム種ではホモ接合化が遅く雑種性が維持される。自然受粉の結実種子でも半数体（haploid；ハプロイド）や二ゲノム性半数体（dihaploid；ダイハプロイド）が生じうるので，この方法は有機農業育種にも部分的に組み込むことができよう。
9. **細胞融合**：細胞壁を除去された裸の細胞（プロトプラスト）の融合による雑種の育種法。細胞融合による遺伝子交換は接木雑種による遺伝子交換と分子遺伝学的に共通項があり，自然の理に適う一面がある。種子繁殖植物でも組合わせによって正常な雑種が得られ，栄養繁殖植物では繁殖上の問題はいっそう少ない。雑種植物は不稔の場合が多いが，カンキツ類などで単為結果性を示す場合は有機農業育種にも利用できる。
10. **茎頂培養・マイクロ増殖**：人工培地で組織培養を行なうことによって大量増殖を図る手法である。培養中の細胞には突然変異が生じやすいため，注5．と同様の問題がある。
11. **混合受粉，花柱切除**：自家不和合性あるいは交雑不親和性を一時的に打破する手段。
12. 育種法の概要：表Ⅲ−2の注を参照。詳細は省略。

ません。ＧＭ育種は、もちろん×です。

突然変異については、突然変異による枝変わりで果樹などの優良品種がたくさん育成されています。ガンマフィールドで放射線を当てなくても、太陽からの中性子や紫外線などで自然突然変異が出ますから、人為突然変異と自然突然変異を峻別できません。ですから、人為突然変異の利用は状況しだいでしょう。そうすると、ＧＭ技術も「あご・ほっぺ理論」で既存の育種法につながると推進者から言われそうですが、それは夢の中だけの話で、実際の生物現象としてはつながりません。

かつては、たとえばキャベツとハクサイの種間雑種をつくるときに、植物体を大きく育てて大量の花を咲かせ、めいっぱい交配しましたが、一〇年間で数個体の雑種ができただけという結果です。一方、小さい植木鉢で植物をちんちくりんに育てると、花は少数ですが雑種ができやすくなります。さらに、カブにキャベツを接木してやる。通常の接木と違い、台木は旺盛に育て貧弱に育てた穂木に人工受粉すると、種間雑種がずっとできやすくなります。

考えてみますと、生物には二つの根源的な大矛盾があります。

一つは、「個体維持と種族維持の矛盾」です。植物は、個体維持に適した状況ではなかなか開花せず、「早く子孫を残さないと」と思う状況だとすぐ開花する。たとえば、秋口によく太ったダイコンは、越冬しにくく、越冬してもタネが実りにくいので、採種には向きません。市販種子の採種栽培では、晩播きして根をあまり太らせません。葉根菜類の晩播きでは、個体選抜ができませんから、それなりの知恵が必要です。いずれにしても、一年生植物は咲いて実ったら一巻の終わりですし、多年生植物でも生殖過程には大きなリスクがありますから、個体維持と種族維持は大矛盾です。私たちにしても、小学生ころに新規採用の若い先生に、なんとなくほのかな恋心が芽生えたら、生物学的には老化の始まりですね。

もう一つの大矛盾は、「遺伝性と変異性の矛盾」です。親から子へ正しく遺伝する性質は強いですが、すべて変わらなければお猿さんとヒトの分化もなく、私たちはいないわけですね。実際は少しずつ変わる。そして、変わるか否かは誰と結婚するかにもよるが、減数分裂によって形成されるいろんな配偶子が受精するわけですから、植物の育種と採種では花蕾ができて開花して実るまでの生殖過程が非常に大切です。

(3) 育種の基本操作と育種法

表Ⅲ-4は、先ほど来のお話を前提にして、育種法には導入育種や品種間交雑育種、種間交雑育種があり、突然変異育種も使える部分は使おうということです。表Ⅲ-5は、遺伝的変異拡大のための、植物生殖生物学的・受粉生物学的な採種法です。圃場で行なう通常の育種法の多くは、有機農業の場で行なう有機農業育種でも利用できます。

表Ⅲ-4　植物育種における遺伝的変異の拡大法

方法	目的	主な技術
(1) 国内外から導入	①既存の遺伝的変異を直接利用する ②既存の遺伝的変異を選抜する	圃場試験法，選抜法（いずれも，他の方法でも後代集団では必須）
(2) 集団内から選抜	①既存の遺伝的変異を選抜する	同上，同上
(3) 種内交雑	①両親の遺伝的変異を組み合わせる ②片親の遺伝的変異を組み換える ③片親の核を他の細胞質に置換する（核置換） ④一代雑種（交雑品種）を育成する	開花期の調整，花粉の貯蔵，受粉法など。②，③では反復戻し交雑
(4) 種間交雑	①両親の全ゲノムを組み合わせ異質倍数体を合成する ②片親の一部の染色体を導入し異数体をつくる ③片親の目標形質を組み換える ④片親の核を他の細胞質に置換する（核置換）	開花期の調整など，同上。不親和性の解消（内的外的環境，メントール花粉，胚培養，子房培養など）。③，④では反復戻し交雑
(5) 突然変異	①個体レベルの突然変異（枝変り）を得る ②染色体レベルの突然変異を得る ③遺伝子レベル，DNA レベルの突然変異を得る	自然集団から探索するほか，状況しだいでコルヒチン処理，放射線照射，細胞培養など

(4) 高度有機農業適応性品種の育種法

諸品種に分散する有用な微働遺伝子を収斂させて、強靭な高度有機農業適応性品種を育成しましょう。一つの方法は、複数の選抜品種間の無作為交配による混合雑種集団から出発し、有機農業適応遺伝子を収斂させることで、その場合の留意点を四つあげました。

①「栄養器官が収穫目的の葉根菜類では、不時抽苔性が低く、かつ種子生産性が高いことを個体・系統選抜の基準とする」は、青物収穫の前に抽苔しやすい個体や系統は除去し、使わないことです。

②「対象植物の生殖様式に即した採種法」では、「イネの改良品種は

表Ⅲ-5　植物生殖生物学的・受粉生物学的ならびに生態学的・種生物学的な原理活用による遺伝的変異の拡大法

活用する現象	具体的操作	予想される成果
開花時期の集団内変異	季節外れの栽培（トンチンカン栽培）	・開花期の早晩が増幅され，開花期に関する同類交配によって生じる系統分化
異種花粉のメントール効果	混合受粉・追加受粉	・自家不和合性の低下による自殖成功 ・交雑不親和性の低下による交雑成功
受粉花粉間の協力と競争（配偶子レベルの性選択）	多量受粉	・生活力の強い花粉だけが受精・結実して収穫種子の旺盛さと均質性が向上
	ストレス処理花粉の多量受粉	・花粉選択によるストレス抵抗性の付与
	少量受粉	・通常は受精できない花粉の生殖成功を高め収穫種子の遺伝的多様性が向上
自家不和合性	隔離下の自然受粉	・一代雑種種子の確実な採種
雄性不稔性・雌性不稔性	隔離下の自然受粉	・一代雑種種子の確実な採種
花器の形態・生理生態的特性	積極的な選抜・改良	・自動自家受粉能力の向上または低下 ・自然他家受粉能力の向上または低下
植物体の種間の競争と協力	異種の混植	・種間の競争力と協力力の向上
植物体の品種間の競争と協力	異品種の混植	・品種間の競争力と協力力の向上
植物体の個体間の競争と協力	栽植密度の粗密	・個体間の競争力と協力力の向上

注1. **季節外れの栽培**（トンチンカン栽培）：通常は夏播き秋栽培の植物を春播き夏栽培するなど。
2. **混合受粉・追加受粉**：自家花粉と他家花粉を同時に受粉するか，相前後して受粉すること。
3. **多量受粉**：1花当たり胚珠数の数十倍から数百倍の花粉を受粉すること。
4. **ストレス処理花粉の多量受粉**：受粉前に高温処理や低温処理などを施してから多量受粉すること。こうして採種を何代か繰り返すと，処理ストレスに対する耐性系統が得られやすい。
5. **少量受粉**：1花当たり胚珠数が1個の植物では1個の花粉，1花当たり胚珠数が約10～20個の植物では1花当たり胚珠数とほぼ同数の花粉，1花当たり胚珠数が約30個以上の植物では1花当たり胚珠数よりも少し少数の花粉を受粉すること。
6. **隔離下の自然受粉**：一代雑種品種育種であれば，交雑組合わせ能力の高い系統を見出すことと，遺伝子型の異なる2つの自家不和合系統の育成，または雄性不稔系統，雌性不稔系統のほかに不稔性維持系統，稔性回復系統などの育成が前提となる。ウリ科野菜などでは，人工受粉による場合もある。
7. **花器形質の積極的な選抜・改良**：自動自家受粉能力の大きさに関係する雌蕊と雄蕊の位置関係や，花粉媒介昆虫の飛来頻度とも関係する花粉生産量，花蜜生産量，ガイドマーク（紫外線）の大小などのほか，自殖稔性の大きさに関係する自家和合性の程度などを選抜すること。これらの花器形質には品種間差異が大きく，特に他殖性の強い植物では個体間差異も大きい。

8．**種間，品種間，ならびに遺伝子型を異にする個体間の競争と協力**：注１～７の植物生殖生物学的・受粉生物学的な原理の活用とは異なり，生態学的・種生物学的な原理の活用による遺伝的変異の拡大のための育種操作に係わる問題である。

自殖性が高いから、集団内変異はない」などという学者がいますが、とんでもありません。優性から劣性への突然変異が起こり、劣性突然変異遺伝子は他殖ではホモ接合になりにくい。でも、じゃんけんのパーが優性、グーが劣性の遺伝子だとすると、突然変異個体の次代には「パー／グー」のヘテロ接合個体が混在し、その個体を自殖すると次々代の四分の一は「グー／グー」の劣性ホモ個体で劣性の表現型が現われます。この突然変異遺伝子が生育地に適応的なら、植物はタネをたくさん実らせて増えますが、適応的でなければタネが実らず消失します。自殖することは、よい突然変異遺伝子の選択や、悪い突然変異遺伝子のお掃除に不可欠なのです。他殖が基本の植物ではヘテロ接合だらけで、発現しない遺伝子が多いですが、いくらかは自殖や近親交雑もしています。そして、自殖性の高い品種でも個体変異が混在するはずです。とすれば、自殖性の高いイネなどでも、育種の初期世代では複数個体を選んで採種して播き、個体間で少しは他殖もしたほうがよいのです。各花の中で結婚してタネが実るだけだと、こっちにしかない遺伝子とあっちにしかない遺伝子が一緒になれませんが、行き来があれば一緒になれますね。

③「一カ所で雑種初期世代が栽培試験されても、その後の選抜は各地域における現地育種として、同所で同時期に同様の栽培法で行われることが望ましい」は、最終的な育種の場は個々の栽培地がよいということです。同じ雑種集団のタネを複数の地域で何世代か栽培すると、自然選択によって各栽培地に適した集団が成立します。ですから、それぞれの地域で人為選抜を繰り返せば、地域の土壌生態系はもとより、植物の花と花粉媒介昆虫との関係などを含む地上の生態系にも安定した平衡状態が構築され、有機農業生態系に適応して経済栽培

も自家採種も容易な品種が育成できるでしょう。

④「地理的分断選抜または季節的分断選抜によって育種を進める」は、例の「とんちんかん栽培」ですね。こうして選抜育成される品種は、生物相互間作用を総合的に利用する能力としての圃場抵抗性と土壌生態系構築力、地力利用力などを有し、総合的適応力が高く諸々の環境に対して強靭な高度有機農業適応性品種として、有機農業の場で大きな力を発揮します。この育種法では、生物相互間作用を相互に利用できる高い能力をもつ品種も育成できるでしょう。

現実の私は、わが家で自家採種の野菜を食べるだけなので、申しわけないのですが、本日は私の考える有機農業育種の体系（試案）を紹介しながら、楽しませていただきました。どうか皆様からの忌憚のないご意見をお寄せください。どうもありがとうございました。

5　まとめにかえて——今後の展望（レジメより）

各種農作物について、高度有機農業適応性品種の育成を目指す有機農業育種を飛躍的に発展させるためには、①植物の地上部と地下部の働き合い、②根圏の土壌生態系における植物の根と病原菌や根粒菌や菌根菌など微生物あるいは小動物との相互関係など、生物相互間作用に関する総合的な基礎研究の進展が不可欠である。特に、②の根圏の土壌生態系における植物の根と諸生物との複合的な相互関係の研究が待たれる。

その場合に重要なことは、個々の栽培植物について、地域の環境条件と関連させた品種・系統レベルの比較研究である。なぜなら、圃場抵抗性、土壌生態系構築力ならびに地力利用力、さらにはそれらの総合的結果としての有機農業適応力には、大きな品種・系統間差異があり、これが有機農業育種における選抜対象となるからである。皆で、有機農業のための育種と採種の研究と事業を発展させましょう。

〈参考〉①『作物育種の理論と方法』（一九八三、共編著、養賢堂）、②『植物の性の営みを探る』（一九九二、養賢堂）、③『ダイコンだって恋をする—農学者「ポコちゃん先生」の熱血よろず教育講座』（二〇〇二、エスジーエヌ）、④『農学基礎セミナー 新編 農業の基礎』（二〇〇三、共編著、農文協）、⑤『農業および園芸』（二〇〇四〜六）の拙著の連載一三論文。

注

（1）「農林水産研究・技術開発戦略（平成十三年度）」のことで、遺伝子組換え育種研究を最重点課題とする農林水産省の基本計画。その育種目標を見てみよう。「農林水産研究・技術開発戦略」の目的は、「食料・農業・農村基本計画等に沿って、我が国の農林水産業等に係る研究・技術開発全体の目標について今後十年間を見通して示した農林水産研究基本目標を達成するため、主要技術分野ごとに、具体的な目標水準とそのための推進方策を明確化するもの」で、概ね五年ごとに見直すとある。

「作物育種をめぐる動向と今後の研究・技術開発の推進方向」の「環境と調和した持続的農業のための省資材化」の項では、「既存の育種技術に加えて、遺伝子組換えやＤＮＡマーカー選抜技術等を活用」した耐病虫性などの育種が強調されている。具体例を二つ示そう。

①イネ育種：「いもち病、白葉枯病、縞葉枯病等の病害及び……虫害に対する抵抗性の付与は環境保全型農業推進のためにも極めて重要」として、「病害抵抗性の強化とともに良食味化」を図り、「いもち病抵抗性に関してはマ

ルチライン品種の実用化（新潟コシヒカリBLが一例）、縞葉枯病に関しては新たな遺伝資源による抵抗性素材の開発」、複数の病害虫に対する「複合病害虫抵抗性品種」や「直播適性をもち良食味の複合抵抗性品種」の育成ならびに、「既存の育種技術に加えて、遺伝子組換えやDNAマーカー選抜技術等を活用して病害虫抵抗性の強化を早期に図り」品種・系統を育成するとある。

②育種技術の高度化：品種育成を加速化するため、「バイオテクノロジー等の高度な技術を活用し、遺伝子地図の作成、DNAマーカーの選定、組換え体の作出等による実用品種の育成に向けた取組みを強化」し、「遺伝子組換え体の育成については、環境に対する影響など安全性の確保が必要で」あり、今後とも「『組換えDNA実験指針』（一九七九年八月科学技術庁策定）及び『農林水産分野等における組換え体の利用のための指針』（一九七九年四月農林水産省策定）に基づき適切に進め」て、「消費者等に対するパブリックアクセプタンス（PA）に積極的に取り組む」と謳っており、遺伝子組換え技術の実用化が最重点課題なのである。

（2）「基本計画」の具体化である。現実は、有機農業や自然環境の安心・安全を保障せずに突き進められている（生井、二〇〇四）。HPセンター側「いもち病及び白葉枯病抵抗性イネ」と提訴側「遺伝子組換えイネの野外実験」で検索可能。

（二〇〇五年十一月十二日　於・国民生活センター）

Ⅳ

病害虫に負けない作物づくり

―園芸作物を中心に

杉山 信男

ヨーロッパでは、農業は環境を破壊する営みであるという考え方が強いため、一般的に環境を保全するためには粗放的な農業を行なうべきだと考えられています。これに対して水田農業が主体のわが国では、農業の環境保全に対する役割が重視されるため、人間が適度に管理した場合に環境が維持され歴史的な農村景観が維持されるという考え方が一般的です。しかし、わが国の農業生産額のおよそ三分の一を占める園芸作物の栽培は集約的で環境負荷が大きく、環境保全型の栽培を行なうには多くの困難が伴います。その原因を次のようにまとめることができます。

第一に、今日私たちが食べている果物や野菜の多くは冷涼な地域や乾燥地帯を原産とするものが多く、温暖多雨の条件下では病害虫の被害を受けやすい傾向にあるということ。第二に、環境保全型農業は「土壌や作物のもつ能力を最大限発揮させる」栽培であると言われますが、野菜や果物を一年中食べたいという消費者の要望に応える形で栽培が困難な時期や環境の下でエネルギーを大量に消費して園芸作物の栽培が行なわれる結果、土壌や作物の能力が十分に発揮されないということです。

1　病害虫との戦いだった園芸生産

明治期からの技術開発

さて、現在私たちが食べている野菜や果物の多くは明治維新後にアメリカやヨーロッパから導入されたものですが、導入当初はほとんどの府県で病害虫の被害が多発し、うまく栽培できませんでした。同じように現在、東南アジアでは経済発展が進むとともに日本の私たちが日常食べているような温帯性野菜を食べたいという欲求が高まっており、ニンジン、レタス、キャベツ、トマト、イチゴなどの野菜が高原地帯で栽培されています。ところが、高原地帯では気温はそれほど高くはありませんが雨が多く、栽培を成功させるためには頻繁に農薬を散布しなければなりません。その結果、インドネシアでは野菜に散布された農薬が下流のダムに流れ込み、そこで養殖されている魚を日常的に食べている地域では他の地域に比べ、小学校低学年の子供たちの血中アセチルコリン濃度が高くなり健康被害が起こっているという例が報告されています。

一方、農薬の発達していない頃、つまり明治期の日本では、篤農家や農業技術者がいろいろな試行錯誤を重ねた後、明治の中頃になってやっとこれらの野菜や果樹の産地が各地に形成されるようになりました。今日一般的になっている果菜類の接ぎ木や果樹の袋かけなどわが国独自の園芸技術は、明治期以降のこうした病害虫との戦いの過程で開発されました。

野菜の接ぎ木は、一九二七年に兵庫県の篤農家がスイカの接ぎ木を考案したことに始まり、一九二九年には奈良県でスイカの接ぎ木栽培が実用化されました。ユウガオの台木にスイカを接ぎ木するとスイカの重要病害であるスイカつる割れ病が防除できること、またスイカの根を食害するタネバエやウリバエの被害を回避できることも確かめられましたが、接ぎ木に手間がかかるためあまり普及しませんでした。しかし、一九七五年以降全国的につる割れ病が多発した結果、接ぎ木栽培が一般化しました。現在ではスイカで九〇パーセント以上、キュウリで七〇パーセント、ナスで五〇パーセント、トマトでは約三〇パーセントで接ぎ木が行なわれています。

第二次世界大戦後の変化

第二次世界大戦によって園芸産業は壊滅的な打撃を受けましたが、戦後しばらくすると園芸産業をとりまく状況は大きく変化し、野菜や果樹の栽培は飛躍的な発展をとげることになりました。

まず、化学工業の発展によって合成農薬が簡単に安く使えるようになり、また一九五一年には塩化ビニールが農業用に利用されるようになりました。さらに、高速道路網が全国に張り巡らされて遠隔地から大都市に簡単に物資を運べるようになりました。それまで冷涼な気候を好むレタスやキャベツを夏に生産するのは困難でしたが、道路網が整備された結果、標高の高い産地で大規模に生産し、東京や大阪の市場に運ぶことが可能になりました。

病害虫のまん延と農薬の使用

しかし一方で、単一の作物を毎年同一の畑で連作するため、土壌伝染性の病害虫がまん延するようになりました。現在でも、ダイコンやキャベツを長年連作している産地では根こぶ病や萎黄病という土壌伝染性の病害に悩まされています。これらの連作障害を防ぐために、クロールピクリンやメチルブロマイドなどの土壌消毒剤を使うことがあたり前になってしまいました。また、冬にトマトやキュウリを食べられるようになったのはハウスが普及したおかげですが、ハウス建設に投下した資本を回収するためには高い値段で売ることのできる野菜（トマトやキュウリなど）を連作しなければならず、その結果、今まで発生していなかったような新しい病害虫が発生するようになっています。

また、わが国に存在していなかった害虫が日本に侵入し、温室という好適な環境条件下で大発生するようになりました。一九七四年にオンシツコナジラミという害虫が確認され、一九七八年にはミナミキイロアザミウマ、一九九〇年にはマメハモグリバエという害虫が発生し、これらの害虫は今でもハウス栽培で大きな被害をもたらしています。

図Ⅳ−1は徳島県における殺菌剤、殺虫剤、殺菌・殺虫剤の使用量の変遷をみたものですが、一九七〇年頃（昭和四十年代の半ば頃）まで農薬の使用量は著しい速度で増加しています。これは昭和三十年代に野菜の生産が非常に伸び、周年栽培が実現していった過程で農薬の使用量も増えていったためです。ただ昭和四十二年に農薬の安全使用基準ができ、現在では農薬使用量は一時に比べるとかなり減少しています。また農薬の乱用がさまざまな環境破壊をひき起こし、人間の健康に悪影響を及ぼすことが社会問題化したこともあって、低濃度で効果のある薬剤が開発されてきました。このことも農薬使用量を減少させた一因と考えられます。さらに、一九六〇年代の中頃（昭和四十年頃）になると、一部の生産者がそれまでの過度に農薬に頼った生産方法を見直しはじめましたが、そうした動きが野菜や果実の安全性や環境破壊に危機感をもつ消費者に支持され、環境保全型の農業技術が推進されるようになってきました。

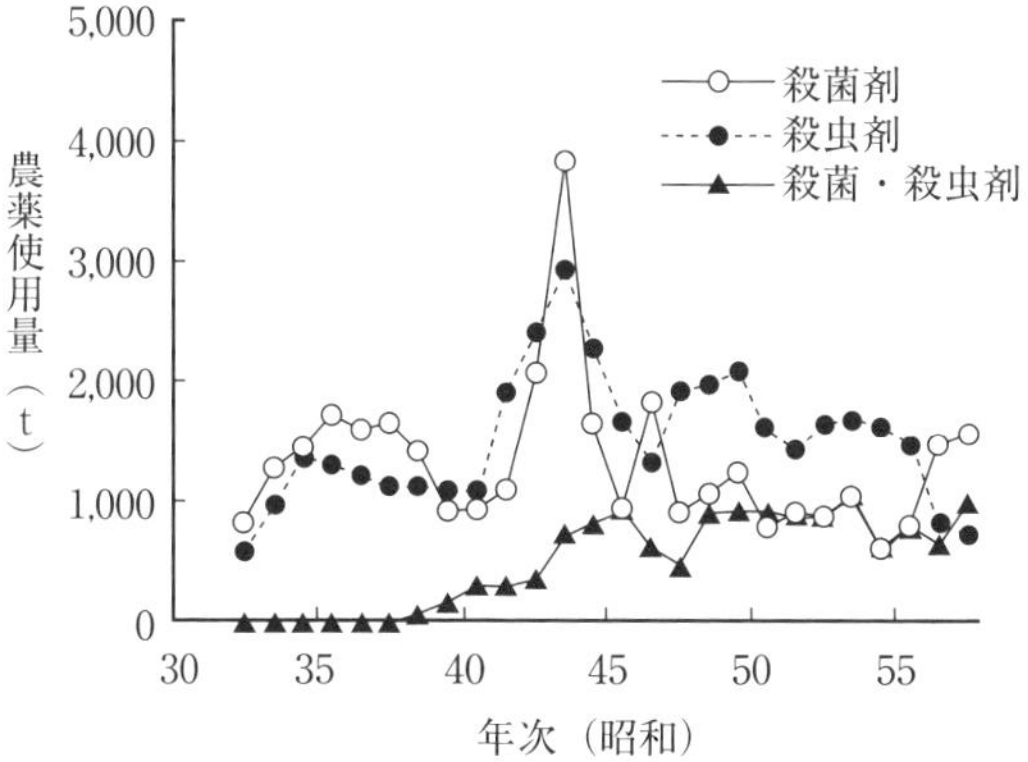

図Ⅳ−1　徳島県における農薬使用量
（『徳島県農業試験場80年史』から引用）

2　環境保全型農業とは？

環境保全型の農業技術は、土壌の理化学性の改善、化学肥料の低減、合成農薬の低減技術の三つにまとめることができます（表Ⅳ－1）。

土壌の理化学性の改善

第一の土壌の理化学性の改善とは、堆肥あるいはソルゴーやレンゲなどの緑肥植物を畑に鋤きこんで作物の生育にとって好適な土壌環境をつくることです。

化学肥料の低減

第二の化学肥料の低減とは、緩効性肥料や有機質肥料を利用して土壌からの肥料成分の溶脱を抑えて肥料の利用効率を高め、施肥量を削減することです。わが国の農業では化学肥料を多用する傾向がありますが、肥料の多用は窒素やリンによる地下水や湖沼の汚染をひき起こしますので、そうしないために、土壌から溶脱しやすい硝酸態窒素やアンモニア態窒素の代わりに肥料成分がゆっくりと溶出するCDUやIB化成などの緩効性肥料を利用します。また、魚かす、大豆かす、鶏糞などの有機質肥料も分解してから効果が現われますから、緩効性肥料と同じような働きをします。

表Ⅳ－1　環境保全型農業技術

1. 土壌理化学性の改善	
堆肥の施用	
緑肥植物の栽培	ソルゴー，レンゲなどを畑に鋤きこむ
2. 化学肥料の低減	
緩効性肥料の利用	ゆっくりと肥料成分が溶出するCDU，IB化成などの利用
有機質肥料の施用	魚かす，大豆かす，鶏糞，骨粉などの利用
3. 合成農薬の低減技術	
生物農薬の利用	天敵による病害虫駆除
対抗植物の利用	マリーゴールド，クロラタリア，ギニアグラス，ソルゴーなどセンチュウの生育を阻害する物質を放出する植物の栽培
被覆資材の利用	不織布により作物と害虫とを物理的に遮断 雨よけハウスによる野菜栽培で病害発生の抑制
フェロモン剤の利用	フェロモンによって雄の害虫を捕殺または雌との交信を撹乱
マルチによる除草	畑の表面をマルチで被覆し，雑草の発生を抑制
機械による除草	除草剤によらずに機械を利用してうね間を除草

合成農薬の低減技術

第三の合成農薬の低減技術とは、合成農薬（殺虫剤、殺菌剤、殺線虫剤、除草剤）をできるだけ使わずに病害虫や雑草の被害を防ぐ手立てを講じようというものです。生物農薬、つまり天敵による害虫や線虫の駆除、さらに線虫の生育を阻害する物質を放出する植物を栽培して線虫の密度を低く抑えることはその一例です。

また、①不織布によって作物と害虫を物理的に遮断し、害虫が加害できないようにする、②雨よけのハウスで作物に雨滴がかからないようにして病害の発生を抑制する、③フェロモンによって雄の害虫を捕殺する、あるいは雌との交信を撹乱して子孫を残せないようにする、④マルチをすることによって雑草の発生を抑え、機械除草ができるような作付けを行なうなどの方法があります。

3　病害虫密度を低下させるための技術

次に、病害虫に的を絞り、いくつかの例をあげながら、環境保全型農業技術をもう少し詳しく紹介することにしたいと思います。

病害虫の被害を軽減する方策としては、病害虫の密度を下げることが効果的です。病原菌や害虫がいなければ農作物も被害を免れることができるからです。有色粘着テープやフェロモン剤によって害虫を誘引、捕殺することは害虫密度を低下させる効果的な方法です。

図Ⅳ−2　フェロモンを滲みこませたチューブをレタス畑に設置してオオタバコガを防除する

また、フェロモンを利用して雄の行動を撹乱し、交尾を妨げることができます。

フェロモン剤の利用

レタスを加害するオオタバコガの雄はダイアモルアという合成フェロモン剤に誘引されてしまうため、この物質を滲みこませたチューブを畑に設置しておくと（図Ⅳ−2）、雌を見つけ出すことができなくなります。その結果、雌は未受精卵をレタスの葉に産みつけることになり、卵はふ化しないのでレタスはオオタバコガの幼虫に葉を食害されることがありません。

長野県の御代田町の農協ではレタスの生産者にこのフェロモンを滲みこませたチューブを畑に設置することを義務づけています。その結果、産地の周辺部分では若干オオタバコガの被害があるものの、産地全体としてみるとほとんど問題にならない程度に被害を食い止めることができるようになりました。ただ、このフェロモンは、オオタバコガには効果がありますが、他の害虫には効果がありません。したがって、農薬散布を完全にやめることはできないという問題があります。これはフェロモンを利用する場合に必ずついてまわる問題です。

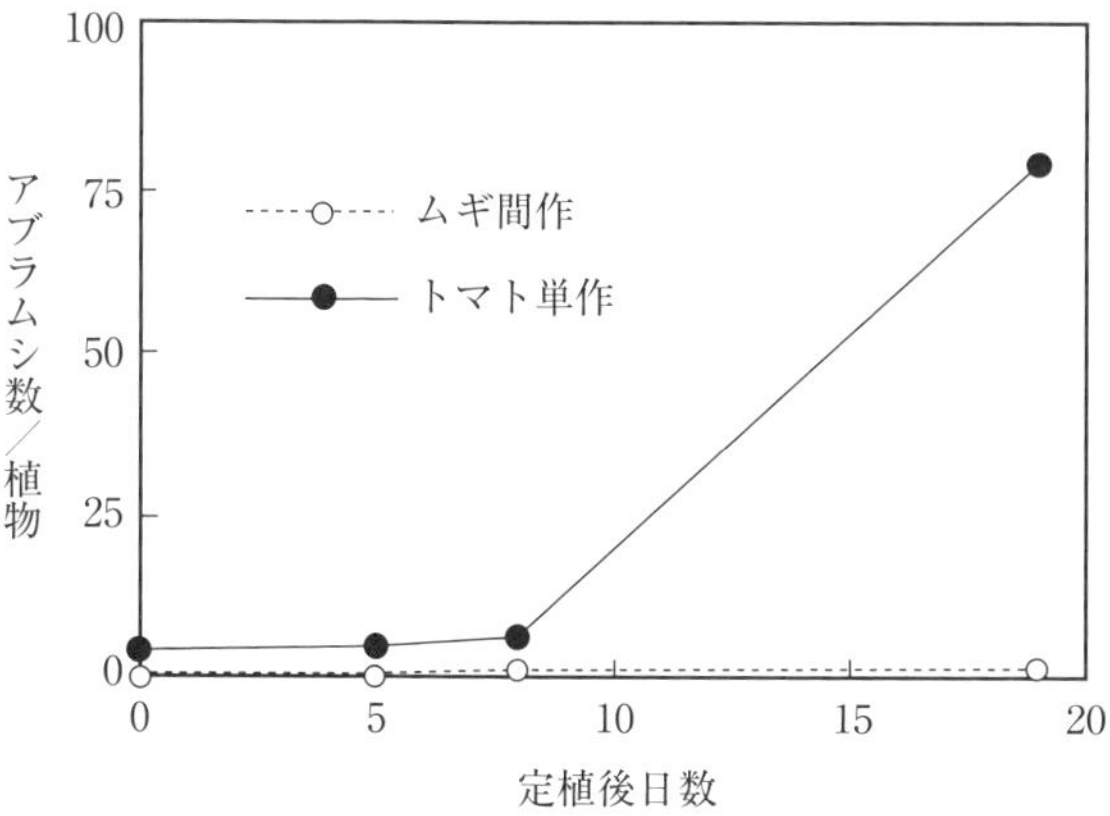

図Ⅳ－3　ムギ間作がトマトへ飛来するアブラムシ数に及ぼす影響

4月23日が定植日，定植69日目のキュウリモザイク発病率はムギ間作で20.4％，トマト単作で100％

（阿部勇編『トマトの無支柱栽培』農文協より引用）

害虫を物理的に遮断する方法

一方、害虫と作物とを物理的に遮断することによって害虫の被害を防ぐことができます。キュウリモザイクウイルスはアブラムシが媒介するウイルス病で、これに感染するとトマトの若い葉にモザイク症状が現われ、葉が萎縮して果実肥大が悪くなります。

図Ⅳ－3は、四月二十三日にムギのうね間にトマトを定植した場合とトマトを単独で定植した場合とで、トマト植物体へのアブラムシの飛来数を比較した結果です。ムギのうね間にトマトを植えた場合にはトマトにアブラムシがほとんどついていませんが、トマトだけを植え付けた場合、定植後二〇日目にはトマト一個体に七五頭のアブラムシが寄生しています。つまりアブラムシが風にのってトマトに飛んで

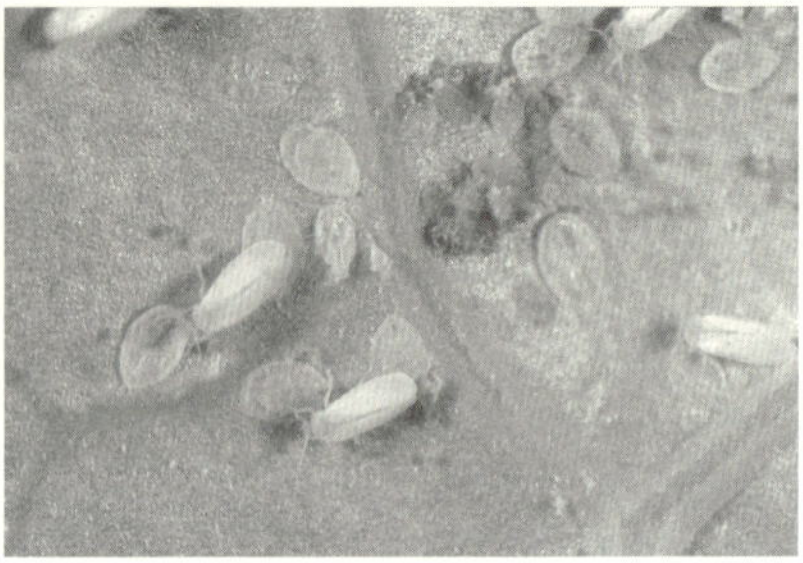

図Ⅳ−4　シルバーリーフコナジラミの成虫と幼虫
（松井正春氏撮影）

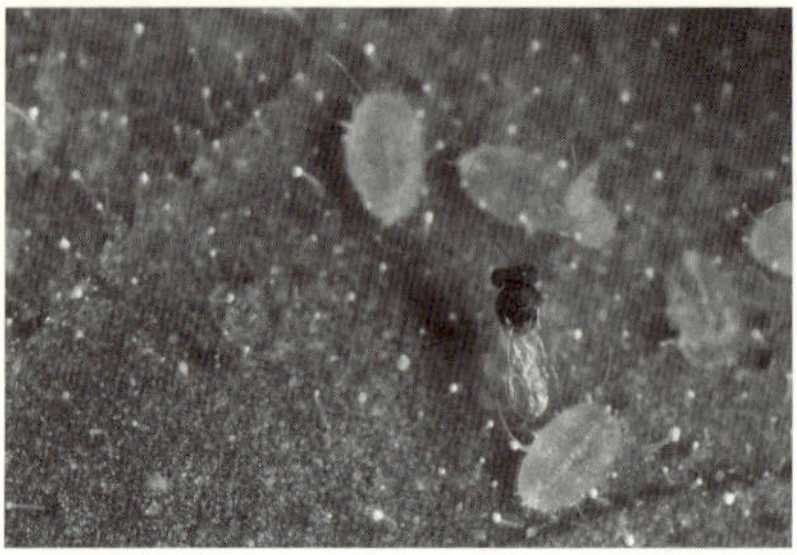

図Ⅳ−5　オンシツツヤコバチの成虫
（松井正春氏撮影）

くるのをムギの障壁が防いでいることがわかります。定植後六九日目に、キュウリモザイク病の発病率を調べてみますと、トマトを単独で栽培した場合には一〇〇%の植物体でキュウリモザイク病の発病が見られたのに対して、ムギを植えることによって発病率は二〇%に抑えられています。このように、アブラムシによって伝搬されるウイルス病は、障壁となる作物を栽培することによってかなり防除することができます。

ネットで作物を覆い害虫の侵入を完全に防ぐ方法も一般的になってきました。最近、トマト黄化葉巻病という難防除病害が四国、九州、中国地方などを中心に大発生して問題になっています。これはシルバーリーフコナジラミ（図Ⅳ−4）という体長〇・八〜一ミリの虫によって伝搬されるウイルス病です。この病気にかかるとトマトの葉縁が巻き込み、葉脈間が黄化し、発病後は果実がつぼみの状態で落果し、たとえ着果しても普通の大きさにまで肥大しません。黄化葉巻病を防除するために推奨されているのは、温室の窓すべてに防虫網を張ってシルバーリーフコナジラミの侵入を防ぐことです。最近では〇・六ミリ目の防虫網でもシルバーリーフコナジラミが通り抜ける場合があるので、網の目をさらに細かくしています。しかし、目を細かくすればするほど風通しが悪くなり、温度や湿度が高

表Ⅳ-2　害虫防除に登録のある天敵農薬（一部）

天敵名	対象作物	対象害虫
ハモグリコマユバチ	野菜類（施設栽培）	ハモグリバエ類
オンシツツヤコバチ	野菜類（施設栽培）	コナジラミ類
サバクツヤコバチ	野菜類（施設栽培）	コナジラミ類
ナミテントウ	野菜類（施設栽培）	アブラムシ類
ヤマトクサカゲロウ	野菜類（施設栽培）	アブラムシ類
アリガタシマアザミウマ	野菜類（施設栽培）	アザミウマ類
タイリクヒメハナカメムシ	野菜類（施設栽培）	アザミウマ類
チリカブリダニ	野菜類，果樹類，バラなど	ハダニ類
ミヤコカブリダニ	野菜類（施設栽培）・果樹類	ハダニ類

くなってしまうという負の影響も現われてきています。

天敵の利用

このほか、病害虫の密度を低下させる方法として天敵の利用があります。オンシツツヤコバチ（図Ⅳ-5）をハウスの中に放すと、シルバーリーフコナジラミ幼虫の体内に卵を産みつけますが、やがてこの卵が孵化し、シルバーリーフコナジラミは死滅します。このほかにも、わが国では、ハモグリバエ、コナジラミ、アブラムシ、アザミウマ、ハダニなど農薬では防除が難しい害虫に効果を示す天敵が販売されています（表Ⅳ-2）。

ただし、天敵の利用で注意しなければならないことは生態系への影響です。本来わが国にいなかった昆虫を輸入して圃場に放せば土着生物相に悪影響を与えかねません。天敵農薬の多くは現在主に施設の中で使われていますが、施設外へ出ていかないように配慮することが必要と思われます。またわが国土着の天敵を利用することが重要だと考えられています。

環境条件を変える

害虫や病原菌の生育は環境条件によって左右されるので、環境条件を変えることによっても害虫や病原菌の密度を下げることができます。高温多湿のときは病気にかかりやすいのが普通ですが、キュウリのうどんこ病は、湿度が高いときには発生が少なく、湿度が低くなると病気がひどくなります。これは、うどんこ病菌の胞子が、相対湿度が低いときに多数飛散し、気温が低くて相対湿度が高いときにはほとんど飛散しないためです。つまり、うどんこ病を防除するためには、ある程度ハウスの中の湿度を高めておいたほうがよいということになります。しかし、別の病気、たとえばべと病などは湿度が高い場合のほうが、胞子がたくさん飛んで病気が発生しやすくなります。

4　病害虫に対する植物体の抵抗反応

病害虫の被害を受けにくくするためには、病原菌や害虫の密度を下げるだけでなく、作物の病害虫に対する抵抗力を高めることも重要です。そこで次に、作物の抵抗性について考えてみたいと思います。皆さんご存じのように人間をはじめとする動物は非常に高度な免疫機構をもっています。病原菌や異物が入ってくるとそれに抵抗するために抗体がつくられ、次に病原菌が入ってきたときにそれをやっつけることができるわけですが、残念ながら、植物には動物のような高度な免疫機構はありません。

全身獲得抵抗性

しかし最近、植物も一種の免疫機構をもっていると言う研究者が現われています。タバコモザイクウイルスを接種したとき、タバコの葉はそれを感知してサリチル酸という物質をつくりますが、植物の細胞内にはそのサリチル酸と結合する蛋白質があり、通常はサリチル酸とこの蛋白質の複合体ができるとやがて細胞が壊死してしまって、非常に小さな病斑が葉に形成されます。ところが、サリチル酸が生成しない突然変異体やサリチル酸と結合する蛋白質の合成を遺伝子操作によって抑えた場合には、通常の場合に比べて病斑が拡大します。

つまり、細胞は病原菌や異物が入ってきたことを感知して自分自身の細胞を殺し、それ以上病原菌が拡大することを抑える機構をもっていることになります。また、サリチル酸はウイルスが侵入した葉だけでなくその上下の葉でも生成され、そのためこれらの葉にウイルスを再接種した場合には病斑の形成数が少なく、病斑そのものも小さくなることがわかっています。このように、作物体の一部が病害虫の被害を受けた結果、作物全体に誘導される抵抗性のことを、全身獲得抵抗性と言います。

病害虫への抵抗力を高める三つの要因

病害虫に対する作物の抵抗性に関連して、シャーブスという人は、作物が病害虫の被害を受けやすいかどうかは作物の蛋白代謝をはじめとする体内の栄養条件に依存している、という説を提唱しています。彼は、作物の栄養条件は環境条件や栽培条件によって左右されるので、環境条件や栽培条件をコントロールすることによって病気にかかりにくい作物をつくることができると考えています。病害虫に対する作物の競合力は作物や病害虫の遺伝的な性質によっても左右されるはずです。したがって、①作物や病害虫のもっている遺伝的な多様性、②気象条件・土壌条件・立地条件などの環境条件、③栽培技術、の三つが総合的に作用して、病気にかかりにくい作物になるか病気にかかりやすい作物になるかが決定されると考えられます（図Ⅳ－6）。

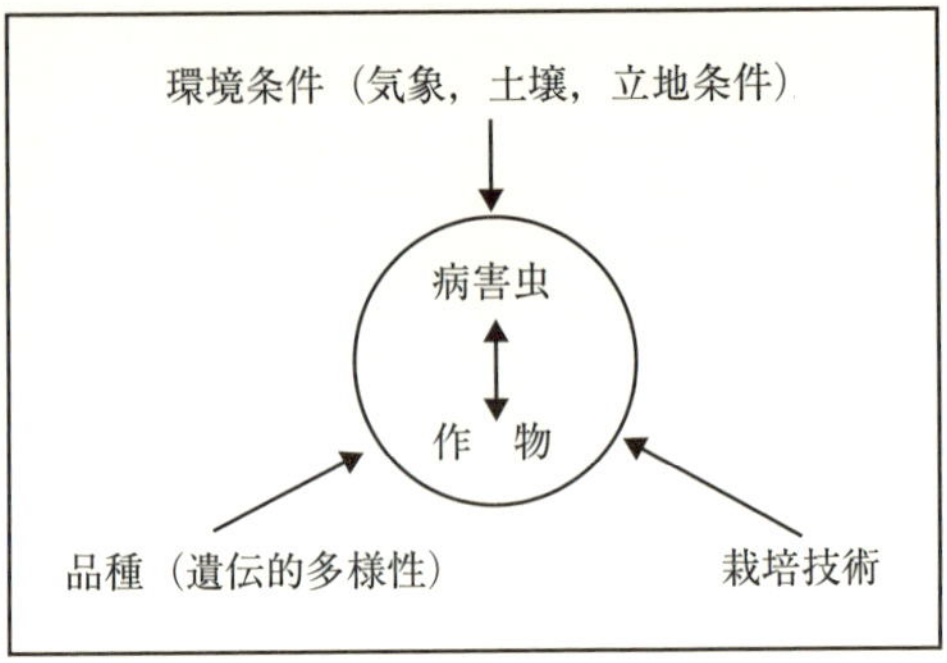

図Ⅳ−6　病害虫の被害に影響を及ぼす3つの要因

5　作物と病害虫の遺伝的多様性

作物の品種と遺伝的な多様性

作物のもつ遺伝的な多様性について、フィロキセラというブドウの害虫に対する抵抗性を例に説明したいと思います。フィロキセラはブドウネアブラムシとも呼ばれ、元来はアメリカの東海岸に土着している害虫でした。私たちが現在ブドウと言っている果物はヨーロッパブドウ（ビニフェラ種、*Vitis vinifera*）と米国ブドウ（ラブルスカ種、*Vitis labrusca*）の二種からできています。私たちになじみ深い品種で言うと、マスカット・オブ・アレキサンドリアや甲州はヨーロッパブドウで、巨峰やデラウエアなどは米国ブドウの血を強く受け継いでいます。

米国ブドウは病気に強いので、露菌病抵抗性の品種を育成するため一八六二年にヨーロッパに導入されました。そのとき一緒にフィロキセラも南フランスに持ち込まれ、一九〇〇年にはフランス全土のワイン地帯に広がって、ワイン産業は壊滅的な打撃を受けました。フィロキセラはヨーロッパブドウの根や葉に侵入し、虫えいと呼ばれる小さなコブをつくります。このため、フィロキセラに侵されたブドウは生育が不良となり、しばしば収穫皆無となります。これに対して、アメリカ原産のブドウはフィロキセラに強く、フィロキセラが根や葉に寄生しても虫えい（コブ）がまったくできないものや、葉には虫えい（コブ）ができても根にはできないものなど、種によって異なりますが、根、葉ともに被害を受ける種はありません。

そこで、現在では根に虫えい（コブ）ができないリパリア種（*Vitis riparia*）やルペストリス種（*Vitis rupestris*）の血をひいた台木が育成され、それに接ぎ木をして栽培されています。

ブドウの場合は種が違っていますが、同じ種のなかでも病気や害虫に対する抵抗性には大きな変異があります。ですから、うまく品種を選べば病気や害虫の被害を受けにくくすることができますし、耐病性、耐虫性の品種を利用して病気や害虫の被害を受けにくい品種を育成することができます。

ここで注意しなければならないのは、耐病性や耐虫性を支配している遺伝子には二種類あるということです。一つはごく少数の遺伝子が抵抗性を決めている場合で、そのような遺伝子を主働遺伝子といいます。もう一つはこれとは反対に、個々の遺伝子の効果は小さいけれどそれがたくさん集合して抵抗性を決定している場合で、そのような遺伝子を微働遺伝子といいます。

先ほど、同じ種類の作物のなかでも耐病性や耐虫性などの点で異なるさまざまな品種があるとお話ししましたが、病害虫のほうにもいろいろな系統があります。病原菌の場合にはそれをレースと言い、虫の場合にはバイオタイプと言います。主働遺伝子の場合、それぞれのレースの病原菌やバイオタイプの虫に対して抵抗性を発揮する遺伝子が異なっています。多くの場合、抵抗性を発揮する遺伝子と病原菌あるいは虫の系統が一対一の関係にあるのです。ですから、いくら抵抗性だといっても病原菌や害虫の系統が異なると、まったく効果を発揮できません。

トマトモザイクウイルスという、トマトの葉にモザイク症状を引き起こすウイルスがありますが、これに対して現在のところトマトの野生種から、Ｔm-1、Ｔm-2、Ｔm-2[a]という三つの抵抗性遺伝子が見出されています。各地で集めたトマトモザイクウイルスを、これらの抵抗性遺伝子をもつトマトの品種に接種してみますと、Tm−1の抵抗性遺伝子をもったトマトにモザイク症状を引き起こすことができる系統、Tm−2にモザイク症状を引き起こすことができる系統などがあり、それぞれの抵抗性遺伝子に対する反応からトマトモザイクウイルスの系統が分類されています。

虫で有名なのはトビイロウンカで、少なくとも三つのバイオタイプの存在が知られています。じつは、一九六七年以前にはトビイロウンカの大発生はほとんど問題になっていませんでした。ところが、イネの栽培方法が変化したことにより、トビイロウンカが大発生するようになりました。いわゆる緑の革命によって一九六〇年代後半にフィリピンにあるIRRI国際稲研究所（IRRI）で育成された一連の品種の普及とともにイネの栽培方法そのものも大きく変化したのです。一九六〇年代後半以降のトビイロウンカの大発生には、こうした栽培方法の変化が一因になっていると考えられています。

それが東南アジアの各国に普及しましたが、IRRIで育成された一連の品種は多収性を発揮するためには多量の水、肥料、農薬が必要で、そのため、これらの品種の普及とともにイネの栽培方法そのものも大きく変化したのです。

一九七〇年にトビイロウンカ抵抗性の遺伝子Bph1とbph2が発見され、Bph1遺伝子を組み入れたIR26という品種が育成されて農家の人たちに配布されましたが、数年経過するとIR26がじつはトビイロウンカに抵抗性をもたないということがわかりました。つまり、IR26は別のバイオタイプのトビイロウンカに感受性をもつものだったのです。そこで、新たにbph2の遺伝子をもった品種（IR36やIR42）が配布されたのですが、これも数年のうちにやはり別の系統のトビイロウンカに侵されてしまうということがわかりました。

その後bph4という抵抗性遺伝子をもつIR66が育成されましたが、数年のうちにIR66を栽培し

144

ている水田でトビイロウンカがまん延していることが明らかになっています。つまり、トビイロウンカの抵抗性にはいくつかの主働遺伝子が関与していますが、抵抗性の品種を育成してもそれを侵すバイオタイプが新たに出現して抵抗性を失ってしまうので、次々に抵抗性品種を育成しなければならないという厄介な問題が起こるのです。

6　作物の病害虫抵抗性と環境条件

環境条件の抵抗性への影響

主働遺伝子は病原菌のレースや害虫のバイオタイプが異なると効果を発揮できないことを述べました。これに対して微働遺伝子は、個々の遺伝子の効果は小さいけれども、それがたくさん集まって抵抗性を発揮しているので、病原菌や害虫の系統が異なっても効果がなくなるということはほとんどありません。

しかし、環境などの影響を受けてその効果が大きく変化してしまうという問題があります。アメリカのジャガイモに大きな被害を与えるコロラドハムシという害虫がいますが、そのコロラドハムシに対するジャガイモの抵抗性は、ソラニンやチャコニンというグリコアルカロイドの含量によって決まっており、含量が高いものほど抵抗性が強いということがわかっています。

ところが、そのソラニンやチャコニンの量というのは光条件によって変化します。また、光による影響の程度は種類によって異なっており、ソラナム・チャコエンス（*Solanum chacoense*）というジャガイモの近縁種では、遮光するとグリコアルカロイドの含量は大きく減少しますが、ソラナム・デミサム

（*Solanum demmisum*）という種ではわずかしか減りません。つまり、弱光条件下ではソラナム・チャコエンスはコロラドハムシに対する抵抗性を失ってしまいます。

発育ステージによる抵抗性の変化

植物の病害虫に対する抵抗性は、植物の発育ステージによっても異なります。トマトのキュウリモザイクウイルスに対する抵抗性を植物体の発育時期別に比較した実験があります。七品種のトマトの子葉展開時と七〜七・五葉展開時にキュウリモザイクウイルスを接種し、その後の発病の程度を調べてみますと、子葉展開時に接種した場合にはいずれの品種も激しい病徴を示しますが、七〜七・五葉期に接種した場合には、ほとんど病徴を示さないものから激しい病徴が現われるものまで抵抗性の程度に大きな品種間差が見られます。つまり、キュウリモザイクウイルスの被害を受けないようにするためには、抵抗性の品種を使うことはもちろん、ごく小さい苗のときにこのウイルスに感染しないようにすることが重要で、播種直後にウイルスにかかってしまうと、いくら抵抗性の品種を使っても防除できないことになります。逆に苗のときにアブラムシがつかないように管理すれば、品種によっては定植後に少々アブラムシがついてもほとんど被害を受けません。

7　耐病性、耐虫性育種

近縁種の遺伝的変異を利用した育種

作物に抵抗性を付与することは、作物の病害抵抗性を高めるうえで大変重要です。トマトとその近縁野生種にどの程度遺伝的な変異があるかを調べた報告によりますと、トマト属の遺伝的な変異のうち三三％はペルウイアヌム（*Lycopersicon peruvianum*）、一五％がペンネリイ（*L. pennelli*）、一七％がヒルスツム（*L. hirsutum*）というトマトの近縁種に由来するもので、栽培されているトマトの遺伝的変異は五％弱に過ぎません。

つまり、栽培種がもっているトマトの遺伝的な変異は、野生種がもっている遺伝的な変異に比べ、かなり小さいわけです。ですから、抵抗性の育種をする場合には近縁種の遺伝的変異を利用することが有効となります。

染色体の構成と抵抗性

生物のもつさまざまな遺伝情報が染色体にのっているということはご存じだと思います。たとえばトマトには一二組二四本の染色体があります。交配するとその子供（雑種第一代：F1）は両親の染色体を一本ずつ（図Ⅳ-7で黒いほうが母親の栽培種、白いほうが父親の野生種とします）もつことになります。

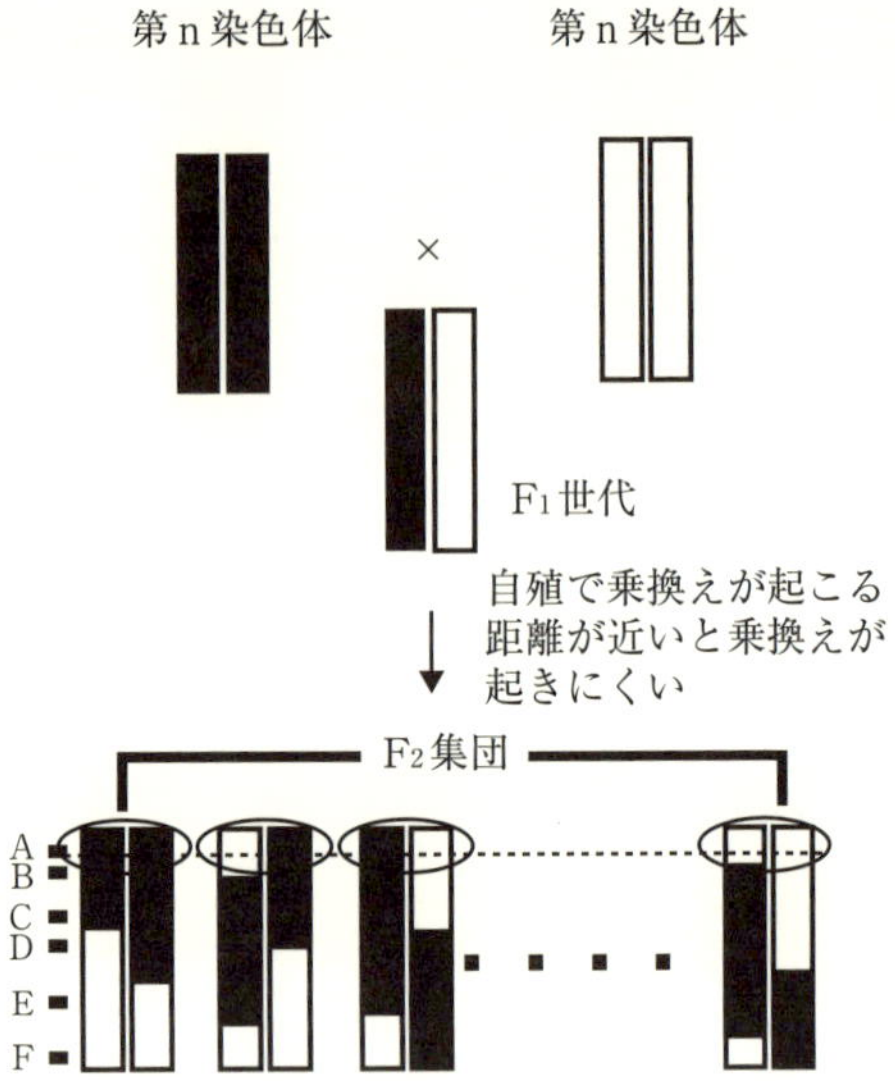

図Ⅳ-7　雑種第1代（F_1），第2代（F_2）の染色体の構成

雑種第一代の個体を自殖する（花粉を同じ個体の雌しべに受粉する）と、減数分裂時に染色体のあいだで乗換えという現象が起こります。乗換えというのは、ペアになっている二本の染色体が同一個所で切れ、それぞれが他方の染色体にくっつくことを言います。そのため、雑種第二代（F_2）では、一つの染色体上に白、黒、白、黒、白というように、父親と母親由来の染色体が混じった染色体ができます。

仮に抵抗性の遺伝子が白いほうの個体の第n番目の染色体のAという部分にあり、二つ揃ったときに抵抗性を示すとすると、図Ⅳ-7の一番右端の個体は両方とも白いので、これが抵抗性を獲得した個体ということになります。ただ、白い品種は野生種ですから往々にしてその他の性質は望ましいものではなく、染色体の他の部分は黒いものが望ましいわけです。そこで、これに今度は黒い品種をもう一回交配して（これを戻し交配と言います）、Aが白でその他が黒という品種を探していくわけです。

抵抗性個体の選抜、育種と問題点

現在では、多くの作物で標識（マーカー）になる遺伝子の染色体上の位置が明らかにされているので、このマーカー遺伝子を使えば、雑種個体の染色体の各部分が父親、母親どちらの系統の染色体に由来するのかを比較的簡単に知ることができます。また、染色体上のごく近くに位置する遺伝子では乗換えが起こりにくく、同一の行動をとるので、抵抗性個体だけに見られるマーカー遺伝子を捜すことによって、抵抗性遺伝子をもっている個体だけを早期に選抜し、育種を効率的に進めていくことができるようになりました。

育種の技術それ自体はそれほど難しくありませんが、問題はこのAという遺伝子の近くに、たとえば果実が非常に小さいとか味が劣るという特性をもつ遺伝子が存在している場合です。遺伝子間の距離が近いと乗換えが起こりにくいために、これを分離させることが困難となります。そのため、野生種を交配した場合、野生種のもつ望ましくない性質を取り除くために大変な労力を必要とすることになります。し、場合によっては人間にとって不都合な遺伝子をなかなか取り除くことができない場合もあります。接ぎ木を行なうのも、抵抗性遺伝子を野生種から導入した場合、不良形質を除くことが難しいためです。

8　病原菌や害虫と共生する技術

競合関係にある微生物を利用する

伝統的な栽培技術は、病害虫をできるだけ抑圧しようという技術です。抗菌グッズは最近の流行ですが、伝統的な農業技術というのは無菌を目指す農業技術ではないかと思います。これに対して、環境保全型農業、特に有機栽培は病害虫と作物が共生する、あるいは共生を目指した栽培方法と言えます。環境保全型の農業研究において、共生生物を利用した病害防除技術の開発が熱心に行なわれていることはその表われです。

どんな植物でも、葉の表面とか根を見ると、必ず糸状菌、細菌、放線菌などの微生物が生息しています。そうした葉面や根圏にいる微生物は病原菌と栄養分や生息場所（スペース）について競合関係にあります。そこで、こうした競合関係にある微生物をあらかじめ葉面や根圏で増殖させておくと、後から病原菌が来ても葉や根の中に病原菌が侵入できなくなります。

有名なのは、バチルス・ズブチリス（*Bacillus subtilis*）、商品名ではボトキラーあるいはインプレッションと呼ばれているものです。バチルス・ズブチリスというのは納豆菌と同様の微生物ですが、この菌を葉の表面で増殖させておくと、後から灰色かび病菌やうどんこ病菌がやってきても葉に侵入できないことがわかっています。菌を利用し菌をもって菌を制するものとしては他に、トリコデルマ・アトロビリデ（*Trichoderma atroviride*）菌、商品名エコホープがあり、これらはイネのばか苗病、苗立枯病、細菌病の防除薬剤として使われています。

一方、根の内部にエンドファイトという微生物が共生している場合がありますが、ヘテロコニウム・チェトスピラ（*Heteroconium chetospira*）というエンドファイトがハクサイの根に共生すると、ハクサイは根こぶ病や黄化病に侵されにくくなることが明らかになっています。

病原菌同士の相互作用を利用する

かなり前のことですが、岡山県で有機野菜を栽培している農家を訪ねたとき、数うねごとに斑点細菌病の発病程度の異なっているキュウリ畑がありました。はじめ、なぜそうなっているのか理解できませんでしたが、農家の人の話では、時期を変えて次々に播種し、病気がひどくなったら、そのうねは栽培をやめる。その頃には次のうねが収穫できるようになっているので、一枚の畑としてみれば、長期間にわたって収穫することができるということでした。

こういう栽培法は、伝統的な栽培技術からは発想できないのではないかと思います。「土壌中に病原菌をできるだけ多く増殖させ、飽和点に達して、もうこれ以上病原菌が増殖できない状態にさせると、病原菌同士の相互作用で菌の働きが抑えられる。この作用を利用した栽培法が有機栽培である」と言う研究者がいます。

これからもわかるように、有機栽培は、病原菌や害虫の存在を許容する、あるいは積極的にそれを利用する栽培技術です。先に述べたように、病原菌に侵されると植物は全身獲得抵抗性を示すようになりますし、害虫がまん延すると天敵の数も増えるので、病害虫のまん延を一定程度以下に抑えることが可能です。近年では、病気にかかる前に全身獲得抵抗性を誘導し、抵抗性を高める薬剤の開発も行なわれはじめています。

環境保全型農業を推進するための課題

このように、病原菌や害虫を根絶するのではなく、耐病性、耐虫性の品種を用い、また作物の抵抗力を高めるような栽培技術を採用することによって、環境保全型農業を行なうことができます。しかし、環境保全型農業をさらに推進していくためには解決しなければならないいくつかの課題が残っています。

第一に、完璧な防除は非常に難しいと思います。現在わが国の消費者が期待をしているのは、虫がまったくついていない野菜や果物、病気にまったく侵されていない野菜や果物だと思いますが、環境保全型の栽培技術でそうした野菜や果物をつくろうとすると、非常に多くの労力をかけなければなりません。

たとえば若干変形していても、また少し虫に食われた跡があっても消費者が買ってくれるということであれば、栽培者はもう少し楽に環境保全型の農業を行なうことができると思いますが、現状では一部の消費者を除き、消費者にそれを期待することは難しいようです。

第二に、環境保全型の技術というのは、特定の病害虫のみに効果を発揮するものです。たとえばオオタバコガに効くフェロモンというのは別の害虫にはまったく効果がありません。一つの薬を散布すれば多くの種類の病害虫が抑圧できるというような万能薬的な効果は期待できないということです。

また、作物のもつ遺伝的な特性（抵抗性）は、作物が病害虫の被害を受けやすいかどうかを決める重要な要因の一つですが、栽培技術や栽培環境が適当でなければ作物はその能力（抵抗性）を十分に発揮できません。ですから、いろいろな技術を組み合わせて使わざるをえないということになりますが、作物と病原菌の非常に多数の組合わせに対して適用できる技術の数はごくわずかで、まだまだ不十分です。さらに進んで、病害虫の発生の危険度や被害の程度を予測する技術を確立し、それを基に、どのような対応策をとればよいのかを提示できる技術の開発が望まれます。

研究者は往々にして、作物とそれを取り巻く環境を断面的にしか見てきませんでしたが、こうした技術を開発するためには栽培技術、土壌肥料、育種、病害虫の研究者が連携をとって研究していくということが必要だと思います。最近、国の研究機関でも今までの縦割り的な研究手法だけではいけないということで、プロジェクトチームによる研究が始まっています。

《質疑応答から》

葉面の微生物を利用する技術

質問者1　納豆菌の分泌物が葉かび病とうどんこ病に効くというお話をもう少し詳しくお話しいただけないでしょうか？

杉山　どんな植物も表面を見るといろいろな微生物がいます。その微生物と病原菌との間で相互作用が行なわれているわけです。もし表面にいる微生物が圧倒的な勢力をもっていれば、別の菌が入ってきてもそこで生存はできません。ですからバチルス・ズブチリスという菌を葉の表面にたくさん増殖させて、後から病原菌が来てもそこで生育できないようにしてしまうというのが、灰色かび病菌やうどんこ病菌の葉への侵入を防ぐボトキラーという薬の考え方です。葉面の微生物の研究はいろいろなところで行なわれています。私が知っているところでは、野菜茶業研究所で茶葉の表面の微生物を使って他の菌の増殖を抑えようという研究がされています。たまたまうまくいったのが、バチルス・ズブチリスで、これまだごく少数の成功例しかないと思いますが、これから研究を続けていけば、他にも見つかってくる可能性があります。

生井兵治　今の質問に少しだけ付け足しを。カナダにコムギの耐寒性が非常に強い品種と弱い品種があるんですね。それで寒さに強い、弱いという遺伝子を調べてどっちが優性、劣性かというのを今から二〇年前ぐらいに調べたんです。そうしたら、今の杉山先生のお話と関連することがわかってきました。

というのは、菌の名前は忘れてしまいましたけれども、寒さに強いコムギの品種とある菌が仲良しで、芽生えたときからその菌が葉っぱの表面にいっぱいついていて、それで寒さに強かったということで、コムギ自身は寒さに強い遺伝子はまったくもっていないということがわかりました。うまくこれを使えば、育種とは別に、病気や寒さや環境ストレスに対して抵抗性をもたせることができるんじゃないかなという夢が生まれたんですね。

ということで、これはいろんなことにだんだん使われるかもしれませんけど、そう簡単ではないかもしれませんね。それは菌と植物との関係の問題なので、人間が勝手に、そこでお前たちこうしろと言ったって、なかなか聞いてくれないと思います。

有機農業推進への期待、農家の声

質問者2　初めて参加させていただきました。群馬県沼田市で無農薬でお米を作っています。確かに杉山先生のおっしゃられるとおり、農薬をまったく使わない作業というのは、一つの方法では上手くいかなくて、三つ〜五つの方法を試します。

それでもなかなかうまくいかないんです。ただ、先ほど先生のお話にあったばか苗病などは、六〇℃の温水に六〜七分種籾をつけるとほぼ完璧に死ぬということが、実は体験的にわかりました。そういうことの積み重ねができればと思います。たとえば、大学の研究機関でそういう技術を専門に研究していただいて、農家に伝えていただければ、日本の有機農業もだんだんと広がっていくのではないかと思います。

それと、消費者にお願いしたいんですが、見かけだけで選ばないでほしい。私も、お米を出すときに米穀検査というのを受けます。農薬を使わないと色がついたり、あるいは品質にばらつきが出たりします。今日もサンプルをお持ちして、何人かに食べていただいて感想を聞きましたが、みなさんおいしいとおっしゃる。だけど米穀検査では、粒が悪いとか色がついているというので私のお米は一等米にはなれません。お米に限らず農産物を外見だけで選ぶというその頭をちょっと切り換えていただかないと、なかなか農薬の使用量は減らない。それから有機農業に真剣に取り組んでいこうという人もなかなか増えないことをご理解いただきたいと思います。

杉山　確かに、ばか苗病は温湯浸漬でかなり防ぐことができます。また、有機農業研究の推進に対する期待があるということは私も十分承知しています。そういった農家の人びとの期待に応えて役に立つ研究をするということが、農学に課せられた使命だろうと思っています。

無菌を求めるのでなく、病原菌とうまくつき合う方法を

質問者3　作物の表面に微生物がいて病気などに抵抗力があるというお話がありました。それでは、人間の場合どうだろうということを考えたんです。最近、非常にアトピーの患者なんかが多いんです。これは清潔、清潔、清潔ということでどんどんなんでも洗剤で洗っちゃうということによる悪影響もあ

るのではないか。もちろん食べものの問題もあると思うんですけれども。私は先生のお話を聞きながら、作物だけの話じゃない、われわれ人間の暮らしにも通用するだいじなお話だったと思うのですが、先生いかがでしょうか。

杉山　おっしゃるとおりだと思います。私も先ほど触れましたが、現在の社会というのは、あまりにも無菌を求める社会になりすぎていると思います。東京医科歯科大学の藤田紘一郎先生は、回虫を飲むとアトピーにならないとおっしゃっていますが、あまりにも無菌を求めると、それがいろんな面で弊害を起こすと思います。

もう一つ、私が言いたかったのは、日本の農業は今まで病原菌を撲滅するというか、できるだけゼロにしたい、完璧に抑えたいというふうに進んできましたが、もう少し病原菌とうまくつき合う方法を考えてもよいのではないかと思います。有機栽培というのは、いかに病原菌と仲良くつき合っていくかということを探る方式だと思いますが、そういう点で有機栽培からはいろいろ勉強させられるところがあると思っています。

（二〇〇六年十月二十八日　於・国民生活センター）

【参考】有機農業研究の古典──日本有機農業研究会の刊行書から

魚住　道郎

1　近代農業に打ち克つ技術の確立をめざす

わが国では、高度経済成長のツケが一九六〇年代後半から一九七〇年代の前半にかけて、公害という姿で各地に現われた。有機水銀のたれ流しによる熊本および新潟の水俣病、鉱毒のカドミウムによる富山のイタイイタイ病、川崎、四日市のゼンソク、ＰＣＢの混入によるカネミライス油事件、ＤＤＴやＢＨＣなど残留性の強い有機塩素系農薬や水銀剤などの人体への蓄積など、数多くの問題が噴出した。

環境に放出されたさまざまな化学物質や重金属、合成化学農薬、放射能などで、大気や土壌、地下水、河川、海洋が汚染された。それらは生物濃縮の結果、農畜産物や海産物を通して人間にはね返ってくることをレイチェル・カーソン女史は『沈黙の春』（一九六二年、邦訳一九六四年）で指摘した。

農業の分野では、残留農薬による人体や環境汚染の問題のほか、単作と連作、化学肥料の大量投入による地力の低下、病虫害の多発、農産物の硝酸態チッソ過剰の問題、家畜糞尿のたれ流しによる河川や地下水の汚染問題など、近代農業はいきづまった。

そうした近代農業への真摯な反省から、一九七一年に日本有機農業研究会が設立され、化学肥料や農薬に依存しない有機農業の試みが、少数の人びとの間ではあったが、全国の生産者とそれを支える消費者、研究者の間で始まった。

結成当時は、近代農業に代わる確かな技術があったわけではない。結成趣意書には、「現在の農法において行なわれている技術を総点検し、一面に効能や合理性があっても、他面に生産物の品質に医学的安全性や食味上の難点、農業作業上の安全・健康、地力の培養や環境の保全を妨げるものであればこれを排除しなければならない。同時に、これに代わる技術を開発すべきである」（要旨）と記されている。だが、事態は急を要する。そこで、「これが間に合わない場合には、一応旧技術に立ち返る他はない」と、とりあえず立ち止まって、昔ながらの技術に引き返すことが提起されていた。

農業の近代化が急速に進んだのは一九六〇年代以降である。それ以前は、何百年もの歴史と伝統をもつ風土に根ざした農業が食文化と共にあり、飢餓などの波風はあったとしても安定的な農業が展開されてきた。まずは、そうした伝統に立つ農業に学ぶこと、そして同時にわれわれは、近代農業に打ち克つ原理と実際を、先駆的に有機農業を提唱していたアルバート・ハワードにも学ぶことになった。

2　伝統に学び、新たな創造を求めて

本会の結成後まもなく、一楽照雄氏（日本有機農業研究会創設者。当時、協同組合経営研究所理事長。一九〇六〜一九九四）は、有機農業の考え方および技術面の原理と実際を学ぶ書として、アルバート・ハワード卿著『An Agricultural Testament』（農業聖典）（一九四〇年）、『Farming and Gardening for Health or Disease』（農業における健康と病気）（一九四五年）、J・I・ロデイル著『Pay Dirt』（一九四五年）があることをつきとめた。

欧米では一九四〇年前後に、化学肥料の大量使用による土壌肥沃度の低下と土壌の流亡がすでに問題となっていた。植物病理学者であったハワードは、当時英国の植民地であったインドの地で実験と実践を重ね、腐植や菌根菌の働きに着目しながら、土壌の肥沃度の回復には良質の堆厩肥の投入が必要であることを説き、それは作物や家畜、そして人間に健康をもたらすものと力説した。細分化された農業試験研究のあり方を問い、農学および農業のあるべき姿を二冊の代表作のなかで展開した。また、アメリカ人のロデイルは、ハワードに強く共鳴し、ペンシルバニア州で有機農業を実践して著作をまとめた。「土と健康財団」（現在はロデイル・プレスおよびロデイル・インスティチュート）を設立し、今日のアメリカ有機農業運動の基礎を築いた。

ハワードの著作はオーソドックスな原典として世界的に高い評価を受けており、すでに日本でも山路健訳『農業聖典』（養賢堂、一九五九年、日本経済評論社、一九八五年）が出版されて農業関係者の間で読まれ、一部では実験的な実践も始まっていた。ハワードの『Farming and Gardening for Health or Disease』は一九四五年にイギリスで刊行されたが、その後アメリカで『Soil and Health』と改題して発行されていた。インドに滞在していたことから東洋の輪廻の思想を汲み、堆厩肥の土壌への還元を重視するハワードと、実践的なロデイルに共鳴した一楽氏は、邦訳を出そうと奔走され、この書の翻訳を当時常任幹事であった横井利直博士に依頼した。横井博士が業半ばにして急逝されたため、その遺業は江川友治、蜷木翠、松崎敏英の三博士に引き継がれ、一九八七年、アルバート・ハワード著、横井利直ほか共訳『ハワードの有機農業（上）（下）』として農山漁村文化協会より刊行された。

ロデイルの著作については、一九五〇年（昭和二十五年）に北海道の酪農学園通信教育出版部が『黄金の土』として出版していたものに自身で手を加え、一九七四年、J・I・ロデイル著、一楽照雄訳『有機農法―自然循環とよみがえる生命』として農山漁村文化協会が発売元となり出版された。これは現在も、ハワードの著作と並ぶ有機農業の古典として読み継がれている。

だが、その後も国や地方自治体の試験研究機関や大学では、有機農業の体系づけられた研究は行なわれず、われわれのめざす方向とは全く逆の、遺伝子組換えやクローンなどのバイオテクノロジー関係の研究へと向かっていた。そこで日本有機農業研究会は、ながらく絶版になっていた有機農業の古典、ハワードの代表作『農業聖典』の新訳に取り組むことにした。二〇〇三年、保田茂監訳により、小川（中塚）華奈、佐藤剛史、横田茂永ら若き研究者の努力で、『農業聖典』（発売元・コモンズ）を刊行した。絵本画家田島征三氏の力強い表紙絵も、その迫力を訴えかけてくる。

3　有機農業技術の体系化をめざして

こうして、ハワードやロデイルに有機農業の基本技術と哲学を学んだ日本有機農業研究会の生産者の仲間は、各地でそれぞれの伝統や文化などを含む地域のもつさまざまな条件のもとで、その実績を積み上げて今日に至っている。宗教上の教えや他の観点から有機農業や自然農法に取り組んだ人びとももちろんいたが、いわば日本の有機農業の歴史は、ハワードやロデイルの主張する有機農業を日本でも可能か否か実践し、検証する歴史であったともいえる。

発足から二十数年たつと、各地における実践によって、良質の堆厩肥を入れ、栽培時期や品種を選べば農薬や化学肥料を使わずに作物が育ち、生産量も慣行農業程度に確保できること、適切に飼育環境を整えれば、ホルモン剤、抗生剤なしで健康な家畜が育てられることに確信がもてるようになった。

一九九九年、日本有機農業研究会は、そのような成果の体系化をめざし、『有機農業ハンドブック―土づくりから食べ方まで』（発売元・農山漁村文化協会）を発行した。総勢七〇人に及ぶ生産者等により、六七品目、一二七の栽培技術や食べ方の知恵を簡潔にまとめたものだ。自然環境や各人の個性に応じた個々の経営のようすも、コラムでうかがい知ることができる。実践に、研究に、役立てていただきたい。また、この間に、欧米の有機農業書の紹介に努めてこられた中村英司氏が訳したフランシス・シャブスー著『作物の健康―農薬の害から植物を守る』（八坂書房、二〇〇三年）が出版されている。これまでにない視点で書かれた注目すべき書である。

4　〃健康の輪〃でつなぐ食と農

有機農業は総合的なものである。農業だけで完結するものでなく、農産物を食べる理解ある消費者がいてこそ成り立つという点もその一つだ。日本の有機農業運動は、当初から消費者と有機農業生産者との強いつながり、「提携」によって発展してきた。生産者と消費者が共に生活する者（生活者）の共通の基盤に立ち、単なる産直ではなく、「人と人との友好的な関係」にもとづく共同購入活動により有機農産物等を取り扱う。一九八〇年に日本有機農業研究会は、くらし全般に関わる問題や農業技術的なものを含めた、多数の講師陣による「消費者のための有機農業講座」を開催した。その幅広い構成は、有機農業運動のもつ豊かさ、深さを示している。その記録は、日本有機農業研究会編『いまの暮らしのいきつく果ては？』『食卓から暮らしを問う』『あたらしい農の世界』（ＪＩＣＣ出版局、一九八一年）の三部作にまとめられて刊行され、後日、それをふまえた総合的な『有機農業の事典』（三省堂、一九八五年、同新装版、二〇〇四年）となって出版されている。

消費者の多くは食べ物や健康問題から有機農業運動に参加している。これも、洋の東西を問わない。ハワードが活躍したイギリスでは一九四六年にソイル・アソシエーション（土壌協会）が発足しているが、それに先立つ一九三八年、ガイ・セオドール・レンチ医師は、『Wheel of Health』（健康の輪）を世に出していた。当時、食べ物が健康に与える影響について、医学者ロバート・マッカリソン（一八七八～一九六〇）が活躍していた。彼は個別の病気や個々の栄養素に細分化して病気を研究することを超えて、長寿国フンザの人びとの「食べ方」やその食べ物のつくり方（農業）に着目し、総合的な健康科学を打ち立てた。レンチはその仕事をつぶさに紹介しながら、同時代のハワードの農業への取組みとの関連付けを行なった。良質の堆肥を入れた〝生きた土〟が、作物を健康に育て、家畜を健康にし、そして人々も健康にするという、〝健康の輪〟を熱く語ったのである。

レンチの書は反響を呼び、その後のハワードの『農業聖典』になぞらえて、『医学聖典』も刊行された。熱心な一楽氏はこれを翻訳し、会誌『土と健康』一九七三年十二月号に掲載している。

千葉で自然農園を営む山田勝巳氏（日本有機農業研究会理事）はある時、自分で翻訳したレンチ著『健康の輪』を持参し、その出版を提案した。この古典は、西欧世界において健康から有機農業にアプローチし、地産地消（日本有機農業研究会では八〇年代から、地域自給という用語で追求してきた）を提唱するものだ。当時のイギリスは、病気が増え、医療費がうなぎのぼりの現代日本とも共通し、食への警告と道しるべともいえる。ただし、フンザの食事と日本の伝統的な食事との違いに留意することも必要であることから、その問題に造詣の深い島田彰夫氏に解説をお願いし、G・T・レンチ著、山田勝巳訳『健康の輪―病気知らずのフンザの食と農』（発売・農山漁村文化協会、二〇〇五年）を上梓した。

5　今日の課題─遺伝子組換え技術、環境ホルモンを超えて

ハワードが『農業聖典』、レンチが『健康の輪』などを著してから六〇年余、この間に環境はさらに悪化し、自然界に放出された化学物質、放射能、重金属などの汚染は続き、状況は深刻化の度合いを増している。さらに一九九六年より、食料や飼料に今まで人類や生物界が体験したことのない遺伝子組み換え作物が公認され、有機農業を推進するうえでさまざまな困難をしょい込まねばならなくなった。また、ごく微量でも環境中に放出された化学物質（ダイオキシン、農薬類など）がホルモン様の働きをする、内分泌撹乱物質の摂取のことも考慮しなければならなくなった。

有機農業の成否は、どれだけの腐植を土に貯えることができるかが一つの大きなポイントであるが、遺伝子組換えや環境ホルモンを考えると、圃場の外部からの投入は逆に抑えたいということになり、相矛盾してしまう。これらのことから今後は、少ない養分で育ち、空中窒素を固定する菌の共生するマメ科作物や比較的養分摂取量の少ない雑穀、イモ類などを輪作の中に定着させ、地力の維持と食生活の内容とが連動した有機農業を模索していく必要がある。外部からの持ち込みを減らした堆肥や、土着雑草や緑肥作物を緑肥として鋤き込み、腐植を貯え、ゆっくりした輪作で土を酷使しないことを考え合わせていかねばならない。

加えて今日、農村では老齢化が進み、担い手不足が一気に進行している。農村にもどってくる人たちや新規に就農をめざす人たちも徐々に増えているが、農村が空洞化せず、質と量ともにうまく応えられる有機農業を展開できるか、これも大きな課題だ。

有機農業への期待感はあるものの、しっかりした有機農業の原理を学ぶことなくスタートすると、少々の困難ですぐ放棄したり挫折する人も少なからずいる。失敗を重ねるうちに、すがるような思いで高価な発酵菌や農業資材の購入に走り、なかなかその使用をやめることができなくなって迷路に入りこんでしまったり、今一歩のところで完全に有機農業に踏み切れない生産者も多いように見受けられる。

真の有機農業の理解者が一人でも増え、ちょっとした失敗で有機農業の志を捨ててしまわないよう、先人たちの研究と知恵と工夫にふれていただきたいと思う。

講演者紹介

熊澤　喜久雄（くまざわ　きくお）

1928年生まれ。植物栄養学・肥料学専攻　農学博士

東京大学名誉教授，東京農業大学客員教授。日本土壌肥料学会会長，日本農学会会長，環境保全型農業全国推進会議会長，（財）日本土壌協会会長，（社）日本有機資源協会会長などを歴任。現在（財）肥料科学研究所理事長。

主な著書　『植物栄養学大要』（養賢堂，1979），『豊かな大地を求めて』（養賢堂，1989），『植物の養分吸収』（東大出版会，1976）。

西尾　道徳（にしお　みちのり）

1941年生まれ。東北大学大学院博士課程修了。土壌微生物学専攻　農学博士

農水省農業研究センター，草地試験場などを経て，農業環境技術研究所長。2000年から筑波大学農林工学系教授。2004年退官。日本土壌肥料学会会長などを歴任。科学技術庁長官賞研究功労者表彰（1982），日本土壌肥料学会賞受賞（1993）。

主な著書　『土壌微生物の基礎知識」（1989），『有機栽培の基礎知識』（1997），『農業と環境汚染』（2005），『堆肥・有機質肥料の基礎知識』（2007，以上いずれも農文協）。

生井　兵治（なまい　ひょうじ）

1938年生まれ。東京教育大学農学部農学科卒業。育種学専攻　農学博士

筑波大学農林学系教授，2001年退官。SABRAO（アジア大洋州育種学会）副会長などを歴任。

日本育種学会賞受賞（2001）。受賞課題「植物育種における受粉生物学の体系化」。

主な著書　『作物育種の理論と方法』（共編著，養賢堂，1983），『植物の性の営みを探る』（養賢堂，1992），『ダイコンだって恋をする』（エスジーエヌ，2001），『新版農業の基礎』（共編著，農文協，2003），『植物育種学辞典』（日本育種学会編，分担執筆，培風館，2005）。

杉山　信男（すぎやま　のぶお）

1946年生まれ。東京大学大学院農学研究科修士課程修了。園芸学専攻　農学博士

現在。東京大学大学院農学生命科学研究科教授

主な著書　Sugiyama, N. and Santosa, E. (2007) *Edible Amorphophallus in Indonesia. - Potential Crops in Agroforestry*. Gadjah Mada University Press,『環境保全型農業大事典』（石井龍一ら編，「環境保全型野菜栽培」について分担執筆，丸善，2005）

編者・発行所について

特定非営利活動法人　日本有機農業研究会

Japan Organic Agriculture Association

1971年設立。生産者，消費者，研究者らが集う有機農業をすすめる研究，実践，運動団体。毎年，「有機農業全国大会」「有機農業入門講座」「種苗交換会」などを開催，会誌『土と健康』（月刊）のほか有機農業関連資料・書籍などを発行。

住所　〒113-0033　東京都文京区本郷3-17-12-501

電話　03（3818）3078　FAX 03（3818）3417

URL　http://www.joaa.net　e-mail　info@joaa.net

基礎講座　有機農業の技術
―土づくり・施肥・育種・病害虫対策

2007年9月25日　第1刷発行

編集・発行　特定非営利活動法人　日本有機農業研究会
郵便番号　113-0033　東京都文京区本郷3-17-12-501
電話　03（3818）3078　　FAX 03（3818）3417

発売　社団法人　農山漁村文化協会
郵便番号　107-8668　東京都港区赤坂7丁目6-1
電話　03（3585）1141　　FAX　03（3589）1387
振替　00120-3-144478　　URL http://www.ruralnet.or.jp

ISBN978-4-540-07176-8　　製作／ふきの編集事務所

Printed in Japan　　印刷・製本／（株）東京創文社
定価はカバーに表示
乱丁・落丁本はお取り替えいたします。